中国甘薯生产指南系列丛书

ZHONGGUO GANSHU SHENGCHAN
ZHINAN XILIE CONGSHU

甘薯
主要病虫害防治手册

全国农业技术推广服务中心
国家甘薯产业技术研发中心 主编

中国农业出版社
北　京

图书在版编目（CIP）数据

甘薯主要病虫害防治手册/全国农业技术推广服务中心，国家甘薯产业技术研发中心主编. —北京：中国农业出版社，2021.9

（中国甘薯生产指南系列丛书）

ISBN 978-7-109-27917-9

Ⅰ.①甘…　Ⅱ.①全…②国…　Ⅲ.①甘薯-病虫害防治-手册　Ⅳ.①S435.31-62

中国版本图书馆CIP数据核字（2021）第025226号

中国农业出版社出版

地址：北京市朝阳区麦子店街18号楼

邮编：100125

责任编辑：史佳丽　黄　宇　　文字编辑：王庆敏

版式设计：王　晨　　责任校对：吴丽婷　　责任印制：王　宏

印刷：北京中科印刷有限公司

版次：2021年9月第1版

印次：2021年9月北京第1次印刷

发行：新华书店北京发行所

开本：880mm×1230mm　1/32

印张：3.5

字数：85千字

定价：35.00元

中国甘薯生产指南系列丛书

编 委 会

主　编：马代夫　鄂文弟

副主编：刘庆昌　张立明　张振臣　赵　海　李　强
　　　　贺　娟　万克江

编　者（按姓氏笔画排序）：

万克江	马　娟	马代夫	马居奎	马梦梅
王　欣	王云鹏	王公仆	王叶萌	王亚楠
王庆美	王连军	王洪云	王容燕	木泰华
方　扬	尹秀波	冯宇鹏	朱　红	乔　奇
后　猛	刘　庆	刘中华	刘亚菊	刘庆昌
汤　松	孙　健	孙红男	孙厚俊	孙健英
苏文瑾	杜志勇	李　欢	李　晴	李　强
李秀花	李育明	李宗芸	李洪民	李爱贤
杨冬静	杨虎清	吴　腾	邱思鑫	汪宝卿
张　苗	张　鸿	张　辉	张　毅	张力科
张文婷	张文毅	张立明	张永春	张成玲
张振臣	张海燕	陆国权	陈　雪	陈井旺
陈书龙	陈彦杞	陈晓光	易卓林	岳瑞雪
周全卢	周志林	庞林江	房伯平	赵　海

胡良龙	钮福祥	段文学	侯夫云	贺　娟
秦艳红	柴莎莎	徐　飞	徐　聪	高　波
高闰飞	唐　君	唐忠厚	黄振霖	曹清河
崔阔澍	梁　健	董婷婷	傅玉凡	谢逸萍
靳艳玲	雷　剑	解备涛	谭文芳	翟　红

甘薯主要病虫害防治手册

编 委 会

主　编：张振臣　陈书龙　贺　娟　马代夫

副主编：谢逸萍　邱思鑫　梁　健　冯宇鹏

编　者（按姓氏笔画排序）：

马　娟　马代夫　马居奎　王云鹏　王亚楠

王容燕　冯宇鹏　乔　奇　刘中华　孙厚俊

李秀花　杨冬静　邱思鑫　张　鸿　张成玲

张振臣　陈书龙　贺　娟　秦艳红　高　波

梁　健　谢逸萍

提供图片和资料人员（按姓氏笔画排序）：

马居奎　王容燕　田雨婷　刘中华　孙厚俊

杨冬静　邱思鑫　张成玲　张振臣　陈书龙

赵付枚　谢逸萍

前　言

　　我国是世界最大的甘薯生产国，常年种植面积约占全球的30%，总产量约占全球的60%，均居世界首位。甘薯具有超高产特性和广泛适应性，是国家粮食安全的重要组成部分。甘薯富含多种活性成分，营养全面均衡，是世界卫生组织推荐的健康食品，种植效益突出，是发展特色产业、助力乡村振兴的优势作物。全国种植业结构调整规划（2016—2020年）指出：薯类作物要扩大面积、优化结构，加工转化、提质增效；适当调减"镰刀弯"地区（包括东北冷凉区、北方农牧交错区、西北风沙干旱区、太行山沿线区及西南石漠化区，在地形版图中呈现由东北—华北—西南—西北镰刀弯状分布，是玉米种植结构调整的重点地区）玉米种植面积，改种耐旱耐瘠薄的薯类作物等；按照"营养指导消费、消费引导生产"的要求，发掘薯类营养健康、药食同源的多功能性，实现加工转化增值，带动农民增产增收。

　　近年甘薯产业发展较快，在农业产业结构调整和供给侧改革中越来越受重视，许多地方政府将甘薯列入产业扶贫项目。但受多年来各地对甘薯生产重视程度不高等影响，甘薯从业者对于产业发展情况的了解、先进技术的掌握还不够全面，对于甘薯储藏加工和粮经饲多元应用的手段还不够熟悉。

为加强引导甘薯适度规模种植和提质增效生产，促进产业化水平全面提升，全国农业技术推广服务中心联合国家甘薯产业技术研发中心编写了"中国甘薯生产指南系列丛书"（以下简称"丛书"）。本套"丛书"共包括《甘薯基础知识手册》《甘薯品种与良种繁育手册》《甘薯绿色轻简化栽培技术手册》《甘薯主要病虫害防治手册》和《甘薯储藏与加工技术手册》5个分册，旨在全面解读甘薯产前、产中、产后全产业链开发的关键点，是指导甘薯全产业生产的一套实用手册。

"丛书"撰写力求体现以下特点。

一是2019年中央1号文件指出大力发展紧缺和绿色优质农产品生产，推进农业由增产导向转向提质导向。"丛书"着力深化绿色理念，更加强调适度规模科学发展和绿色轻简化技术解决方案，加强机械及有关农资的罗列参考，力求促进绿色高效产出。

二是针对我国甘薯种植分布范围广、生态类型复杂等特点，"丛书"组织有关农业技术人员、产业体系专家和技术骨干等，在深入调研的基础上，分区域提出技术模式参考、病虫害防控要点等。尤其针对现阶段生产中的突出问题，提出加强储藏保鲜技术和防灾减灾应急技术等有关建议。

三是配合甘薯粮经饲多元应用的特点，"丛书"较为全面地阐释甘薯种质资源在鲜食、加工、菜用、观赏园艺等方面的特性以及现阶段有关产品发展情况和生产技术要点等，旨在多角度介绍甘薯，促进生产从业选择，为甘薯进一步开发应用及延长产业链提供参考。

四是结合生产中的实际操作，给出实用的指南式关键技术、技术规程或典型案例，着眼于为读者提供可操作的知识和技能，弱化原理、推理论证以及还处于研究试验阶段的内容，不苛求甘薯理论体系的完整性与系统性，而更加注重科普性、工具性和资料性。

"丛书"由甘薯品种选育、生产、加工、储藏技术研发配套等方面的众多专家学者和生产管理经验丰富的农业技术推广专家编写而成，内容丰富、语言简练、图文并茂，可供各级农业管理人员、农业技术人员、广大农户和有意向参与甘薯产业生产、加工等相关从业人员学习参考。

本套"丛书"在编写过程中得到了全国农业技术推广服务中心、国家甘薯产业技术研发中心、农业农村部薯类专家指导组的大力支持，各省（自治区、直辖市）农业技术推广部门也提供了大量资料和意见建议，在此一并表示衷心感谢！由于甘薯相关登记药物较少，"丛书"中涉及了部分有田间应用基础的农药等，但具体使用还应在当地农业技术人员指导下进行。因"丛书"涉及内容广泛、编写时间仓促，加之水平有限，难免存在不足之处，敬请广大读者批评指正。

编　者

2020年8月

目　录

第一章

我国甘薯主要病虫害的发生分布与防治策略

　　我国甘薯病虫害种类多，各薯区都有发生。一些甘薯病虫害严重影响甘薯的产量和品质。近年来，我国甘薯病虫害防控主要存在以下问题：随着电子信息技术和物流业的快速发展，种薯种苗的频繁调运加快了病虫害的传播速度；薯蔓粉碎还田等新的耕作方式加大了甘薯茎线虫病、甘薯蚁象等病虫害危害风险；对一些新发生的病虫害种类和危害规律认识不清，导致缺乏防控措施或防治效果不理想；过度依赖化学农药防治病虫害现象普遍，对农业生态环境和食品安全构成了威胁；部分薯农考虑到防治成本等因素，对病虫害防控积极性不高，加大了甘薯病虫害流行的风险。针对我国甘薯病虫害防控中存在的问题，应因地制宜制定科学的防控策略，以保障我国甘薯安全生产和甘薯产业可持续发展。

一、我国甘薯病虫害的发生分布

　　甘薯病害分为真菌病害、细菌病害、病毒病害、植原体病害和线虫病害，主要包括甘薯根腐病、甘薯黑斑病、甘薯黑痣病、甘薯紫纹羽病、甘薯蔓割病、甘薯疮痂病、甘薯软腐病、甘薯干腐病、甘薯瘟病、细菌性黑腐病、甘薯丛枝病、甘薯病毒病和甘薯茎线虫病等。甘薯害虫主要有蛴螬、蚁象、金针虫、地老虎、甘薯叶甲、甘薯麦蛾、斜纹夜蛾、烟粉虱、红蜘蛛、甘薯茎螟和甘薯天蛾等。

我国南北方薯区在气候特点、土壤类型、品种结构和栽培管理上不完全相同,病虫害的种类和危害程度也有所差异。在病害方面,甘薯黑斑病、甘薯病毒病、甘薯黑痣病、甘薯紫纹羽病、甘薯软腐病和甘薯干腐病在我国南北方薯区都有发生,其中甘薯黑斑病可造成甘薯烂窖、烂床和死苗,甘薯复合病毒病(Sweet potato virus disease, SPVD)在局部地区危害严重,甘薯软腐病和甘薯干腐病通常在储藏期发生危害。甘薯根腐病和甘薯茎线虫病主要在我国北方薯区发生,其中甘薯茎线虫病可造成烂种、死苗、烂床和烂窖,而甘薯根腐病在局部田块危害较重。甘薯蔓割病、甘薯疮痂病、甘薯瘟病、细菌性黑腐病、甘薯丛枝病主要在我国南方薯区发生,其中甘薯蔓割病有从南方向北方扩散的趋势。在甘薯虫害方面,甘薯叶甲、甘薯麦蛾、斜纹夜蛾、烟粉虱、红蜘蛛和甘薯天蛾等地上害虫以及蛴螬、金针虫、地老虎等地下害虫在我国南北方薯区都可发生危害,并在我国局部地区可暴发成灾。甘薯蚁象主要在我国南方薯区发生,可使薯块变黑发臭,不能食用(表1)。

表1 我国甘薯主要病虫害种类及分布

甘薯病虫害类别	甘薯病虫害种类	主要分布区域
真菌病害	甘薯根腐病	北方薯区
	甘薯黑斑病、甘薯黑痣病、甘薯紫纹羽病、甘薯软腐病、甘薯干腐病	三大薯区
	甘薯蔓割病、甘薯疮痂病	南方薯区
细菌病害	甘薯瘟病、细菌性黑腐病	南方薯区
植原体病害	甘薯丛枝病	南方薯区
病毒病害	甘薯病毒病	三大薯区

（续）

甘薯病虫害类别	甘薯病虫害种类	主要分布区域
线虫病害	甘薯茎线虫病	北方薯区
地下害虫	蛴螬、金针虫、地老虎	三大薯区
	蚁象	南方薯区
地上害虫	甘薯叶甲、甘薯麦蛾、斜纹夜蛾、烟粉虱、红蜘蛛、甘薯茎螟、甘薯天蛾	三大薯区

二、甘薯病虫害对甘薯生产的影响

甘薯病虫害可严重影响甘薯生产，影响主要表现在产量和品质两个方面。蛴螬和金针虫等地下害虫咬食薯块造成孔洞、薯块感染黑痣病后薯皮变黑，严重影响甘薯外观品质。病毒病、根腐病等病害严重影响甘薯产量。甘薯茎线虫病使薯块淀粉率下降。甘薯黑斑病、甘薯蚁象等病虫危害可使薯块失去食用价值。此外，有些病虫害严重影响育苗质量，受害的薯苗栽植田间后，不仅会影响甘薯的产量和品质，而且会影响储藏安全（表2）。

表2 甘薯主要病虫害对甘薯生产的影响

病虫害种类	对产量的影响	对品质的影响	对苗床期影响	对储藏期影响
甘薯根腐病	发病轻时减产10%～20%，重时减产40%～50%，甚至绝收	病薯畸形，病薯块表面粗糙布满大小不等的黑褐色病斑	出苗晚、出苗率低，苗生长迟缓，叶色黄	不明显
甘薯黑斑病	一般减产5%～10%，严重时减产20%～50%，甚至更高	病薯表面有黑斑，病部坚硬，薯肉味苦，有毒，不能食用	苗地下部发黑，叶色黄，生长不旺	易造成烂窖

（续）

病虫害种类	对产量的影响	对品质的影响	对苗床期影响	对储藏期影响
甘薯黑痣病	—	薯块表皮有黑褐色斑点，仅限于皮层	对出苗有一定影响	
甘薯紫纹羽病	一般减产25%～30%，严重时绝收	薯块表面有紫筋，严重时薯块内部腐烂，干缩成空壳	—	不耐储藏
甘薯茎线虫病	一般减产10%～50%，严重时绝收	薯皮凹陷裂口，空心	不出苗或出苗少，苗小而黄	易烂窖
甘薯蔓割病	一般减产10%～20%，严重时减产50%以上	薯块上部薯肉呈褐色斑点	—	—
甘薯疮痂病	减产10%～70%	薯块受害表面凹凸，发病严重时淀粉含量减少	苗生长迟缓，苗小而劣	—
甘薯瘟病	轻者减产30%～40%，重者减产70%～80%，甚至绝收	薯皮一般有片状黄褐色斑，薯肉汁液减少，有苦臭味，不能食用，发病严重的薯块全部腐烂	严重时苗青枯死亡	—
细菌性黑腐病	发病重时，减产30%～40%，甚至绝收	薯块变软腐烂	—	—
甘薯丛枝病	发病早可造成绝收，发病越晚产量损失越低	薯块较小而干瘪，薯皮粗糙有突起，薯肉煮不烂，有硬心	植株矮缩，侧枝丛生和小叶簇生	—
甘薯软腐病	—	发病开始时薯块变软，发黏，以后干缩成硬块	不出苗或出苗少，苗小而黄	易烂窖
甘薯干腐病	—	薯皮不规则收缩，皮下组织呈海绵状，淡褐色；严重时薯块腐烂呈干腐状	—	一般损失2%，严重时损失很大

— 4 —

（续）

病虫害种类	对产量的影响	对品质的影响	对苗床期影响	对储藏期影响
SPVD	一般减产50%以上，严重时绝收	薯块小	出苗迟，苗小，叶脉黄，花叶，叶片皱缩	—
蛴螬	虫口密度越大，产量损失越重	被咬食的薯块有大而浅的孔洞	—	受害薯块易引起病原菌侵入，造成烂薯
金针虫	—	被咬食的薯块有小而深的孔洞	—	受害薯块易引起病原菌侵入，造成烂薯
甘薯蚁象	一般减产5%～20%，严重达30%～50%，甚至80%以上	薯块变臭腐烂，不能食用	影响苗质量	烂窖
甘薯地老虎	造成缺苗断垄和减产	被咬食薯块的顶部有凸凹不平的疤痕	—	—
甘薯叶甲	一般减产20%～30%	受害薯块有深浅不一的伤疤	影响苗质量	不耐储藏
甘薯天蛾、斜纹夜蛾和甘薯麦蛾	影响植株光合作用，造成产量降低	—	影响苗质量	—
烟粉虱	刺吸危害叶片，诱发煤污病，影响植物生长和光合作用，造成减产	—	影响苗质量	—
红蜘蛛	受害的叶片形成小白斑并变红，甚至枯干脱落，造成甘薯减产	—	影响苗质量	—

三、甘薯病虫害的防治策略

甘薯病虫害的防治策略是"预防为主，综合防治"。对当地还没有发生的病虫害，尤其是危害大的危险性病虫害，如甘薯复合病毒病、甘薯蚁象等，应加强检疫，发现后应及时销毁薯块或薯苗。对当地常见病虫害，应从客观实际出发，抓住主要矛盾，积极采用农业防治、物理防治、生物防治以及科学使用农药等多种措施，达到有效控制甘薯病虫害的目的。也就是说，在病虫害防治过程中，不仅要实现甘薯生产安全，而且要确保甘薯产品质量安全和农业生态环境安全。

在农业防治措施利用方面，种植抗病品种是防治甘薯病害最经济有效的措施，如可对甘薯根腐病、瘟病和蔓割病等病害进行有效防治；水旱轮作对甘薯瘟病、茎线虫病有较好的防控效果；清洁田园、清除田间杂草可减轻多种甘薯病虫害危害。

在物理防治措施利用方面，杀虫灯诱杀、色板诱虫和防虫网控虫以及昆虫信息素诱控技术可用于防控甘薯烟粉虱、蚜虫、蛾类或地下害虫等。

在生物防治措施利用方面，寄生蜂等寄生性天敌可用于防治甘薯上的烟粉虱和鳞翅目害虫等；瓢虫、捕食螨等捕食性天敌可用于防治甘薯田蚜虫、烟粉虱或红蜘蛛等。

在农药使用技术方面，需注重使用生物农药、低毒低残留农药，合理搭配不同农药品种，注意农药安全间隔期，应使用优质高效器械施药等，以达到提高病虫害防治效率、减少用药成本和减轻环境污染的目的。

（乔奇　张德胜　王爽　等）

主要参考文献

马代夫,李强,曹清河,等,2012.中国甘薯产业及产业技术的发展与展望[J].
江苏农业学报,28(5): 969-973.

刘中华,邱思鑫,余华,等,2016.不同甘薯品种小象甲的危害比较及相关性
分析[J].福建农业学报,31(10): 1080-1085.

谢逸萍,孙厚俊,邢继英,2009.中国各大薯区甘薯病虫害分布及危害程度研
究[J].江西农业学报,21(8): 121-122.

王容燕,李秀花,马娟,等,2014.应用性诱剂对福建甘薯蚁象的监测与防治
研究[J].植物保护,40(2): 161-165.

张振臣,乔奇,秦艳红,等,2012.我国发现由甘薯褪绿矮化病毒和甘薯羽
状斑驳病毒协生共侵染引起的甘薯病毒病害[J].植物病理学报(42): 328-
333.

中国农业科学院植物保护研究所,中国植物保护学会,2015.中国农作物病
虫害[M].3版.北京:中国农业出版社.

第二章

甘薯北方主要病害

　　我国甘薯产区分为北方薯区、长江中下游薯区、南方薯区。各薯区因气候、温度、湿度、水分、土壤与地域的差异，病害的种类明显不同。北方薯区分为北方春薯区和夏薯区，包括河北、河南、山东、山西、陕西、吉林、辽宁、内蒙古、新疆、江苏北部、安徽北部等省份及地区。北方薯区由于干旱少雨，甘薯种植区多年连作，造成甘薯根腐病、茎线虫病发生严重，生产中造成的损失一般在30%~50%，同时，甘薯黑斑病、甘薯黑痣病、甘薯紫纹羽病、甘薯软腐病在甘薯不同生育时期发生危害，影响甘薯产业发展。近年来，SPVD病害在北方各薯区发生流行并逐渐成为影响甘薯产业发展的主要病害之一，造成甘薯产量损失在40%~80%。在生产中，各种类型抗病品种应用少，且薯农对病害发生流行规律不明，防控技术应用的时间与方式不当，药剂防治的效果不理想，造成病害流行。推广以健康种苗为核心，物理防治与生物防治为手段的甘薯病害综合防控，切断病原菌通过薯苗传播，可有效防控北方薯区病虫害的发生与危害。

一、甘薯根腐病

（一）病原及发生规律

1. 病原　甘薯根腐病病原菌是腐皮镰孢菌甘薯专化型

[*Fusarium solani* (Mart.) Sacc. f. sp. *batatas* MeClure]，属于半知菌亚门镰刀菌属真菌。在PDA培养基上，该菌菌丝灰白色或淡紫红色，呈稀绒毛状或絮状，培养基的底色淡黄色至蓝绿色或蓝褐色。产生大型、小型两种分生孢子及厚垣孢子。大型分生孢子镰刀形，上部第2、3个细胞最宽，壁厚，分隔明显，顶细胞圆形或似喙状，足胞不明显，3～8个分隔，多数有5个隔膜。小型分生孢子卵圆形至椭圆形，多数单胞，少数只有1个分隔。厚垣孢子球形或扁球形，颜色淡黄色或棕黄色，生于侧生菌丝或大型分生孢子上，单生或两个联生。厚垣孢子有两种类型，一种表面光滑，稍小；另一种表面有疣状突起，稍大。

甘薯根腐病病原菌的有性态为血红丛赤壳[*Nectria haematococca* (Bolt.) Fr.]，属于子囊菌亚门丛赤壳属。在田间自然条件下，病株上尚未发现有性态，但人工培养可产生子囊壳。经根部和土壤接种致病测定，证明有较强的致病力。子囊壳散生或聚生，不规则球形，初期浅橙色，表面光滑，成熟后红色至棕色，表面产生疣状突起。子囊棍棒形，内生8个子囊孢子。子囊孢子椭圆形，中央有1个分隔，在隔膜处稍缢缩。

除腐皮镰孢菌甘薯专化型，目前发现尖孢镰刀菌、腐霉菌和丝核菌等病原菌均能侵染甘薯引起甘薯根腐病。

2. 发生规律　甘薯根腐病是一种典型的土传病害，带菌土壤和土壤中的病残体是翌年的主要侵染源。土壤中的病原菌至少可存活3～4年，其垂直分布可达100厘米土层，但以耕作层土壤中密度最高。病原菌自甘薯根尖侵入，逐渐向上蔓延至根、茎。病种薯、病种苗、病土以及带菌粪肥均能传病，田间病害的扩展主要靠水流和耕作活动，远距离的传播主要靠种薯、种苗和薯干的调运。

甘薯根腐病的发生与温湿度、土壤质地、土壤肥力、栽培措施、品种抗病性等因素密切相关。

（1）温湿度与发病的关系。甘薯根腐病的发病温度为21～30℃，适温为27℃。土壤含水量在10%以下有利于发病，因此在温度变化不大的情况下，降雨是影响发病程度的重要因素。

（2）土壤质地、土壤肥力与发病的关系。丘陵旱薄地和瘦瘠沙土地发病较重，而平原壤土肥沃地、土层深厚的黏土地发病较轻。

（3）栽培措施与发病的关系。病地连作年限越长，土壤中病残体积累越多，含菌量越大，发病也越重。

甘薯不同栽插期发病程度不同。适当早栽，气温低，不利于病原菌侵染，同时，当气温逐渐升高至适宜发病时，甘薯根系已基本形成，该病害的危害影响较小，因此发病较轻。晚栽的薯苗根系刚伸展就遭受病原菌侵染，且病程短，所以受害重。夏薯发病重于春薯，也与温度有关。

（4）品种抗病性与发病的关系。目前对甘薯根腐病虽未发现免疫品种，但不同品种间抗病程度有明显差异，连年大面积种植感病品种的地区，根腐病危害严重。由于甘薯资源中存在一些优异的抗源，且其性状的遗传力强，采用常规的杂交育种方法，结合后代的筛选鉴定即可筛选出抗病性强且综合性状优的品种。1970年以来，我国各育种单位在筛选抗源的基础上，都开展了甘薯抗根腐病育种，并取得了显著成效。特别是高产、高抗型品种徐薯18的推广应用，对根腐病的控制起到积极作用。

（二）症状及识别技术

1. 危害症状　甘薯根腐病主要发生在大田生长期，苗床期虽也发病，但症状一般较轻。

（1）苗床期。苗床期病薯较健薯出苗晚，出苗率低。发病薯苗叶色较淡，生长缓慢，须根尖端和中部有黑褐色病斑，拔秧时易自病部折断。

（2）大田期。地上部和地下部都有明显症状。

①地上部。病株茎蔓伸长较健株缓慢，植株矮小，分枝少，遇日光暴晒呈萎蔫状（图1）。秋季气温下降，茎蔓仍能生长，但部分品种在茎蔓叶腋处易现蕾开花。重病株薯蔓节间缩短，叶片自下而上变黄，增厚，反卷，干枯脱落，主茎自上而下逐渐干枯死亡。

②地下部。大田期秧苗受害，先在须根中部或根尖出现赤褐色至黑褐色病斑，中部病斑横向扩展绕茎一周后，病部以下的根段很快变黑腐烂，拔苗时易从病部拉断。地下茎受侵染，产生黑色病斑，病部多数表皮纵裂，皮下组织发黑疏松（图1）。重病株地下茎大部分腐烂；轻病株近地面处的地下茎能长出新根，但多形成柴根。

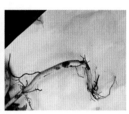

地上部　　　　　　　　　　　　　　地下部

图1　甘薯根腐病地上部和地下部症状

病株不结薯或结畸形薯，而且薯块小，毛根多。块根受侵染初期表面产生大小不一的褐色至黑褐色病斑，稍凹陷，中后期表皮龟裂，易脱落。皮下组织变黑疏松，底部与健康组织交界处可形成一层新表皮。储藏期病斑并不扩展。病薯不硬心，煮食无异味。

2. 识别技术　甘薯根腐病田间发生初期，经常会同SPVD病苗、除草剂药害相混淆，其区分点详见表3。

表3　甘薯根腐病与其他病害的区别

病害名称	发生时间	地上部区别	地下部区别
甘薯根腐病	苗期症状在栽种后35～40天最为明显	整株不长、下部叶片发黄	根部变黑，薯拐有纵裂黑褐斑
甘薯复合病毒病	栽种后14天就可看到	心叶扭曲，皱缩，丛生	根部基本正常
除草剂药害	栽种后25～30天可看到	整株变黄，心叶变红	根部变形，有不规则突起

（三）综合防治技术

目前对该病尚无有效的药剂防治措施。根据病害的传播途径和发病环境条件，在防治上采用选换抗病品种为主的综合防治措施，可获得显著效果。

1. **选用抗病丰产品种**　由于品种间抗病性差异明显，选用抗病良种是防治根腐病最经济有效的措施。各地已陆续选出适合本地栽培的抗病丰产品种，现在栽培面积最大的抗病品种为徐薯18，其他抗病性较强的品种还有徐薯27、豫薯10、徐薯24、苏渝303、烟337、徐薯25、宁27-17、南京J54-4、鲁94114、济01356、浙紫薯1号、万紫56、宁11-6、农大6-2、豫薯13、徐济36、徐紫薯2号等。

2. **培育壮苗，适时早栽**　栽插期不同，病情和产量有显著差异。春薯选择壮苗适期早栽，能增强甘薯的抗病性，根腐病发病轻。因此，春薯应适期早育苗，育壮苗，保证适期早栽。栽苗后注意防旱，遇干旱天气应及时浇水，提高甘薯抗病力。

3. **加强田间管理**　应集中烧毁病田中的残体，减少田间病源。对重病田实行深翻耕，以生压熟，可减少土壤耕作层的菌量。发病地可在入冬时实行深翻改土，深翻30厘米左右，将病土翻入下层，早春再耕二犁扶垄。增施复合肥或腐熟有机肥，尤其是增施磷肥和钾肥，提高土壤肥力，增强甘薯的抗病性，可收到良好的防病保产效果。此外，地势高低不同的发病田块，要整修好排水沟，以防病原菌随雨水自然漫流，扩散传播。

4. **轮作换茬**　病地实行与花生、芝麻、棉花、玉米、高粱、谷子等作物轮作或间作，有较好的防病保产作用。轮作年限，要依发病程度而定。一般病地轮作年限3年以上。在发病严重的地块，应及时改种或补种其他作物，减少损失。

5. **建立三无留种地，杜绝种苗传病**　建立无病苗床，选用无病、无伤、无冻的种薯，并结合防治甘薯黑斑病，进行浸种和浸苗。选择无病地建立无病采苗圃和无病留种地，培育无病种薯。无病地区不要到病区引种、买苗，杜绝病害传入。

二、甘薯黑斑病

（一）病原及发生规律

甘薯黑斑病又名黑疤病，俗名黑疔、黑疮等，1937年由日本鹿儿岛传入我国辽宁省盖县，逐渐自北向南蔓延危害，现有26个省（自治区、直辖市）相继报道过该病害的发生和危害，在华北、黄淮海流域、长江流域、南方夏薯区和秋薯区发生较重，是我国薯区发生普遍且危害严重的甘薯病害。每年因该病造成的产量损失达5%～10%，危害严重时造成的损失为20%～50%，甚至更高。

1.**病原**　甘薯黑斑病病原菌为甘薯长喙壳（*Ceratocystis fimbriata* Ellis et Halsted），属于子囊菌亚门核菌纲球壳菌目长喙壳科长喙壳菌属。菌丝初无色透明，老熟则呈深褐色或黑褐色，寄生于寄主细胞间或偶有分枝伸入细胞间。菌丝的直径为3～5微米。无性繁殖产生内生分生孢子和内生厚垣孢子。内生分生孢子无色，单胞，棍棒形或圆筒形，大小为(9.3～50.6)微米×(2.8～5.6)微米（图2）。

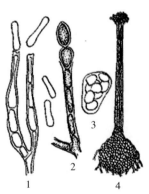

图2　甘薯黑斑病病原菌
1.内生分生孢子梗和分生孢子
2.厚垣孢子　3.子囊和子囊孢子
4.子囊壳

2.**发生规律**　甘薯黑斑病病原菌主要以厚垣孢子、子囊孢子和菌丝体在储藏病薯、大田、苗床土壤及粪肥中越冬，成为翌年发病的主要侵染源。病薯、病苗是病害近距离传播及远距离传播的主要途径，带菌土壤、肥料、流水、农具及鼠类、昆虫等都可传病。

病原菌侵染甘薯后，土壤温度在15～35℃均可发病，最适温度为25℃。在甘薯储藏期间，最适发病温度为23～27℃，10～14℃时发病较轻，15℃以上有利于发病，35℃以上病情受抑制。储藏初期，薯块呼吸强度大，散发水分多，如果通风不良，高于20℃的温度持续2周以上，病害则迅速蔓延。

田间病害的发生与土壤含水量有关。含水量在14%～60%时，病害随湿度的增加而加重；含水量超过60%，病害又随湿度的增加而减轻。育苗期因苗床加温、浇水、覆盖以及薯块上存在大量伤口，是黑斑病流行最有利的条件，而35℃以上高温育苗，则是控制发病的有效措施。生长期土壤湿度大，有利于病害发展，如地势低洼潮湿、土质黏重的地块发病重；地势高燥、土质疏松的地块发病轻。生长前期干旱，而后期雨水多，引起薯块生理性破裂，发病重。连作田块病害发生较重，春薯比夏薯和秋薯发病重。

病原菌主要从伤口侵入。甘薯收获、装卸、运输及虫、鼠、兽等造成的伤口均是病原菌侵染的重要途径。此外，病原菌也可从芽眼和皮孔等自然孔口及幼苗根基部的自然裂伤等处侵入。育苗时，病薯或苗床土中的病原菌直接从幼苗基部侵染，形成发病中心，病苗上产生的分生孢子随喷淋水向四周扩散，加重秧苗发病。病苗栽植后，病情持续发展，重病苗短期内即可死亡，轻病苗上的病原菌可蔓延侵染新结薯块，形成病薯。在收获过程中，病种薯与健种薯间相互接触摩擦也可传播病原菌。在运输过程中造成的大量伤口有利于薯块发病，储藏期间温度和湿度条件适宜时发病易造成烂窖。

（二）症状及识别技术

1.危害症状 甘薯黑斑病在甘薯苗期、生长期和储藏期均可发生，主要危害薯苗、薯块，引起烂床、死苗、烂窖。症状特征分述如下。

(1) 苗期。如种薯或苗床带菌，种薯萌芽后，苗地下白嫩部分最易受到侵染。发病初期，幼芽地下基部出现平滑稍凹陷的小黑点或黑斑，随后逐渐纵向扩大至3～5毫米，发病重时环绕薯苗基部，呈黑脚状，地上部叶片变黄，生长不旺，病斑多时幼苗可卷缩。在种薯带菌量高的情况下，幼苗绿色茎部甚至叶柄也可被侵染，同样形成圆形和棱形黑色凹陷的病斑。当温度适宜时，病斑上可产生灰色霉状物，即病原菌的菌丝层和分生孢子。后期病斑表面粗糙，具刺毛状突起物，为子囊壳的长喙。有时可产生黑色粉状的厚垣孢子。

(2) 生长期。病苗栽插后，如温度较低，植株生长势弱，则易遭受病原菌侵染。幼苗定植1～2周后，即可显现症状，表现为基部叶片发黄、脱落，蔓不伸长，根部腐烂，只残存纤维状的维管束，秧苗枯死，造成缺苗断垄。有的病株可在接近土表处生出短根，但生长衰弱，不能抵抗干旱，即使成活，结薯也很少。健苗定植于病土中可能染病，但发病率低，地上部一般无明显症状。

薯蔓上的病斑可蔓延到新结的薯块上，以收获前后染病较多，病斑多发生于虫咬、鼠咬、裂皮或其他损伤的伤口处。病斑黑色至黑褐色，圆形或不规则形，轮廓清晰，中央稍凹陷，病斑扩展时，中部变粗糙，生有刺毛状物 (图3)。切开病薯，病斑下层组织呈黑色、黑褐色或墨绿色，薯肉有苦味。

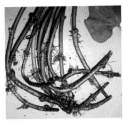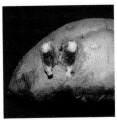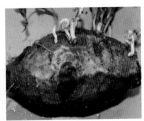

图3　甘薯黑斑病苗期症状和薯块症状

（3）储藏期。储藏期薯块感病，病斑多发生在伤口和根眼上，初为黑色小点，逐渐扩大成圆形或梭形或不规则形病斑，直径为1～5厘米，轮廓清晰。储藏后期，病斑深入薯肉达2～3厘米，薯肉呈暗褐色，味苦。温湿度适宜时病斑上可产生灰色霉状物或散生黑色刺状物（子囊壳的颈），顶端常附有黄白色蜡状小点（子囊孢子）。由于黑斑病的侵染，往往与其他真菌和细菌病害并发，常引起各种腐烂。

2.识别技术 甘薯黑斑病主要危害薯苗和薯块。薯苗受害后地下基部出现小黑点或黑斑，并逐渐扩大，发病严重时黑斑环绕基部，呈黑脚状。地上部叶片萎蔫发黄。侵染薯块后初期为黑色小点，后逐渐扩大呈不规则黑斑，轮廓清晰，中间稍凹陷，病斑深入薯肉，薯肉呈暗褐色。黑斑病侵染后使薯肉有明显的苦味，是黑斑病的显著特征。温湿度适宜时病斑中间会产生灰色霉状物。生产中见到黑色病斑时，用湿毛巾保湿两天，如长出黑色丛毛的应该是长喙壳菌引起的甘薯黑斑病（表4）。

表4 甘薯黑斑病与其他病害的区别

病害名称	发生时期	病斑侵染深度	病斑保湿后	病组织气味
甘薯黑斑病	甘薯整个生育期：苗床期、大田期、储藏期	侵入薯肉2～3厘米	保湿后长出黑色丛毛	病组织有明显的苦味
甘薯拟黑斑病	甘薯大田期	侵入薯肉2～3厘米	保湿后长出灰黑色菌丝	病组织无苦味
甘薯黑痣病	甘薯大田期、储藏期	仅侵染甘薯表皮	保湿后长出白色菌丝	病组织无苦味
甘薯褐斑病	甘薯整个生育期：苗床期、大田期、储藏期	侵入薯肉2～3厘米	保湿后长出灰色菌丝	病组织有明显的苦味

（三）综合防治技术

甘薯黑斑病危害期长，病原来源广，传播途径多。因此，对于甘薯黑斑病的防治应采用以繁殖无病种薯为基础，培育无病壮苗为中心，安全储藏为保证的防治策略。实行以农业防治为主，药剂防治为辅的综合防治措施，狠抓储藏、育苗、大田防病和建立无病留种田四个环节，才能收到理想的防治效果。

1. 铲除和堵塞菌源　严格控制病薯和病苗的传入与传出是防止甘薯黑斑病蔓延的重要环节，生产中必须杜绝种苗传病，以铲除和堵塞菌源。

首先要做好"三查"（查病薯不上床、查病苗不下地、查病薯不入窖）、"三防"（防引进病薯病苗、防调出病薯病苗、防病薯病苗在本地区流动）工作。对非疫区要加强保护，严禁从病区调进种薯种苗，做到种苗自繁、自育、自留、自用，必须引种时，不要选择苗床拔苗，应选择高剪苗或春薯田剪取的蔓头苗。引入后，先种在无病地繁殖种薯，翌年再推广。另外，在薯块出窖、育苗、栽植、收获、晒干、复收、耕地等农事活动中，都要严格把关，彻底清除病残体，集中焚烧或深埋。病薯块、洗薯水都要严禁倒入牲畜圈内或喂牲口。不用病土、旧床土垫圈或积肥，并做到经常更换育苗床，对采苗圃和留种地要注意轮作换茬。

2. 建立无病留种田　建立无病留种田、繁殖无病种薯，是防治甘薯黑斑病的有效措施。由于黑斑病传染途径多，因此建立无病留种田，要做到苗净、地净、肥净，并做好防治地下害虫的工作，从各方面防止病原菌侵染危害。

（1）苗净。即选用无病薯苗栽插。一般可从春薯地剪蔓，采苗圃或露地苗床高剪苗，以获得无病薯苗。

（2）地净。黑斑病在土壤中存活年限因地区而异。因此，各地可通过一定年限的轮作来获得无病净地。北方地区黑斑病的病原菌在土壤中可以存活2年9个月，所以要选择3年以上未种过甘薯的田地。南方地区病原菌在水稻田中存活不超过7个月，因此可选用早稻收获后的田块栽插秋薯留种。此外，无病留种田应注意远离普通薯田，要求地势高燥，排水良好，以防流水传病。

（3）肥净。无病留种地不能施用带有病原菌的杂、厩肥。如无净肥，可施饼肥、化肥、绿肥或其他菌肥。

（4）防治地下害虫。无病留种地应注意加强防治地下害虫，以减少病原菌侵染途径。

3. 培育无病壮苗　培育无病壮苗是综合防治的中心环节。主要措施如下。

（1）药剂浸种。用50%甲基硫菌灵可湿性粉剂200倍稀释液浸种10分钟，防病效果达90%～100%。用70%甲基硫菌灵可湿性粉剂300～500倍稀释液浸蘸薯苗，防治效果亦良好。在菌量大的情况下，防治效果仍很显著，兼有治疗和保护作用。此外，用50%多菌灵可湿性粉剂在当地农业技术人员的指导下浸种，也有良好的防病效果。

（2）高温育苗。高温育苗是在育苗时把苗床温度提高到35～38℃，保持4天，以促进伤口愈合，控制病菌侵入。此后苗床温度降至28～32℃，出苗后保持苗床温度在25～28℃，并可促使早出苗，提高出苗率。

（3）推广高剪苗技术。由于种薯或苗床土壤中常常携带黑斑病、根腐病及线虫病等病原，病原物会缓慢向薯苗侵染，高剪苗能尽可能地避免薯苗携带病原菌。原因是病原物的移动速度低于薯芽的生长速度，病原物大部分滞留在基部附近，上部薯苗带病的可能性比较小。

（4）栽前种苗处理。将种苗捆成小把，用70%甲基硫菌灵可湿性粉剂800～1 000倍液浸苗5分钟，或50%多菌灵可湿性粉剂在当地农业技术推广部门的指导下使用，也可起到较好的消毒防病作用。

三、甘薯黑痣病

（一）病原及发生规律

1. 病原　甘薯黑痣病病原菌为半知菌亚门甘薯毛链孢（*Monilochaetes infuscans* Ell. et Halst. ex Harter）。菌丝初期无色，后变为黑色。分生孢子梗从病部表层的菌丝分出，不分枝，基部略膨大，具隔膜，长为40 ~ 175微米，其顶端不断产生分生孢子。分生孢子无色或稍着色，单胞，圆形至长圆形。病原菌主要随病薯在窖内越冬，也可在病蔓上及土壤中越冬。翌春育苗时即可侵染引起幼苗发病。田间病原菌侵染植株发病后产生分生孢子侵染薯块。病原菌主要借雨水、灌溉水传播，直接从表皮侵入，在表皮层进行危害。

2. 发生规律

（1）温湿度。该病的发病温度为6 ~ 32℃，传播的最适温度为30 ~ 32℃，储藏期间，窖温升高，温度、湿度适宜，可引起全窖薯块发病发黑；夏秋两季多雨、受涝、地势低洼或排水不良、土壤有机质含量高、土壤黏重及盐碱地发病重。由于近年来水利条件有了较大改善，大水漫灌加重了该病传播。

（2）菌源。大面积连年种植甘薯，病薯和薯苗带菌量得到有效积累，加上施用未腐熟粪肥，均加大了菌源数量。

（3）易感品种。近年推广的甘薯品种，品质较好，商品价值高，但均不抗黑痣病。

（二）症状及识别技术

1. 危害症状　甘薯黑痣病在我国各甘薯产区均有发生，田间生长期和储藏期均可发病，多危害薯块。薯块发病，初时在薯块表面产生淡褐色小斑点，其后斑点逐渐扩大变黑，为黑褐色近圆形至不规则形大斑。当湿度大时，病部生有灰黑色粉状

霉层。发病严重时，病部硬
化并有微细龟裂（图4）。病
害一般仅侵染薯皮附近几层
细胞，并不深入薯肉。但薯
块受病后易丧失水分，在储
藏期容易干缩，影响质量和
食用价值。

图4　甘薯黑痣病症状

2.识别技术　甘薯黑痣
病田间发生后期，易同甘薯黑斑病相混淆，其区分点见表5。

表5　甘薯黑痣病与其他病害的区别

病害名称	发生部位	大田期区别	储藏期
甘薯黑痣病	多发生在薯块	薯块上产生黑色不规则病斑，仅局限在表皮，病斑处没有苦味	病斑局限于表皮，容易干缩
甘薯黑斑病	地上部和地下部均可发病	薯块产生黑色病斑，深入薯肉，有苦味	病斑深入薯肉，储藏期可扩展，湿度大时可见刺毛状物

（三）综合防治技术

1.杜绝种苗传病　建立无病苗床，选用无病、无伤、无冻的种薯。选择无病地建立无病采苗圃和无病留种地，培育无病种薯。无病地区不要到病区引种、买苗，防止病害传入。

2.田间管理

（1）适当晚栽早收。春薯高剪苗可适当晚栽，能减轻甘薯黑痣病发生程度。收获期要做到适时收获，一般在寒露至霜降收获，以当地日平均气温在15℃左右时为宜。若收获过晚，薯块容易遭受霜冻，利于黑痣病病原菌侵入。收获后要在晒场上晒2～3天，使薯块伤口干燥，可抑制病原菌侵入薯块。也可先在屋内干燥处晾放10～15天，然后再入窖。

（2）注意防涝。采用高畦或起垄种植，雨后及时排水，减少土壤湿度，可防止甘薯黑痣病发生。

（3）实行轮作。有条件的地方，可与禾本科作物实行3年以上的轮作。

（4）禁止施用未腐熟的有机肥料。未腐熟的有机肥料尤其是牛粪，大大增加了甘薯黑痣病发生危害的概率，因此避免施用此类肥料。

3．化学防治措施

（1）苗床育秧期。不用病薯块作种薯，对无病薯块也要进行药剂处理。方法是用50%多菌灵可湿性粉剂1 000倍液或甲基硫菌灵1 000倍浸泡10分钟进行消毒。浸泡后的药液要泼在苗床上，注意应在当地农业技术人员的指导下使用复配药剂，应注意有效成分含量，以免有效成分不够，影响防治效果。剪下的薯苗用上述药液浸泡根部（约10厘米）10分钟。连根拔下的薯苗要将根部剪掉后再浸泡。苗床上若发现病薯要立即深埋或烧毁。

（2）大田栽植期。大田栽秧时，每亩*用50%多菌灵可湿性粉剂1 ~ 3千克兑细土，浇水栽秧后，施药土，最后覆土，可杀灭土壤中的黑痣病病原菌。

4．加强储藏期管理　甘薯储藏期温度要控制在12 ~ 15℃，如果温度低于9℃，甘薯易受冻害，诱发黑痣病或其他病害。若温度高于17℃，甘薯极易发芽生根，且利于黑痣病的发生。

四、甘薯紫纹羽病

（一）病原及发生规律

1．病原　甘薯紫纹羽病病原菌为桑卷担菌（*Helicobasidium mompa* Tanaka），属担子菌亚门层菌纲木耳目木耳科卷担菌属。

---

*　亩为非法定计量单位，1亩=1/15公顷。——编者注

担子无色，圆筒形，有的为棍棒形或弯曲，大小为(25 ～ 40) 微米 ×(6 ～ 7) 微米，其上产生担孢子。担孢子无色，卵形或肾形，上圆下尖，直或稍弯曲，大小为(16 ～ 19) 微米 ×(6.0 ～ 6.4) 微米。菌核扁球形，表层紫色，内层黄褐色，中央白色，菌核大小为(1 ～ 3) 微米 ×(0.5 ～ 2.0) 微米。无性态为紫纹羽丝核菌 (*Rhizoctonia crocorum* Fr.)。该病原菌寄主范围很广，除甘薯外，还可侵染马铃薯、棉花、甜菜、大豆、花生、桑、茶、葡萄和多种树木以及杂草等100多种植物。

2. 发生规律 病原菌以菌丝体、根状菌索和菌核在病根上或土壤中越冬。条件适宜时，根状菌索和菌核产生菌丝体，菌丝体集结形成菌丝束，在土壤中延伸，接触寄主根后即可侵入危害，一般先侵染新根的柔软组织，后蔓延至主根。此外，可通过病根与健根接触传播，或从病根上掉落到土壤中的菌丝体、菌核等，通过土壤、流水进行传播。病残体沤肥未经腐熟施入田间也可传播病害。病原菌在土壤中适应性强。病区甘薯连作地发病严重。甘薯与桑、茶等树木混作易发病。初秋高温多雨潮湿条件下易发病。在偏酸的土壤环境下易发病。沙土层、土层浅或漏水地以及缺肥生长不良的甘薯地病害均重。

（二）症状及识别技术

1. 危害症状 主要发生在大田期，危害薯块和薯拐。植株黄弱，薯块表面生有病原菌菌丝，菌丝白色或紫褐色，似蛛网状，病症明显（图5）。病薯由下向上，从外向内腐烂，后仅残留外壳。地上部的症状表现为叶片自茎渐次向上发黄脱落。

2. 识别技术 薯块或薯拐表面缠绕白色或紫褐色的纱线网状物，即病原菌的根状菌索，极似人体网布的筋络。因此，甘薯紫纹羽病又被薯农称为红筋网。

图5　甘薯紫纹羽病症状

（三）综合防治技术

（1）严格挑选种薯，剔除病薯；苗床用净土培育无病壮苗。

（2）不宜在发生过紫纹羽病的桑园、果园以及大豆、花生等地栽植甘薯，最好选择与禾本科作物轮作。

（3）发病初期在病株四周开沟阻隔，防止菌丝体、菌索、菌核随土壤或流水传播蔓延，及时喷淋或浇灌36%甲基硫菌灵悬浮剂500倍液，或在当地农业技术人员指导下适当考虑使用氟酰胺可湿性粉剂。

（4）及时清除病株和病残体。要在菌核形成以前，及时将田间病株和病土一起铲除，再用福尔马林或石灰水进行消毒。山坡梯田应特别注意水流传病。同时，禁止将病地作为蔬菜秧田或果木苗圃，以防带土移栽时扩大病区。此外，还应注意通过带菌肥料、人、畜和农具等传播病害。

（5）增施有机肥，提高土壤肥力并改善土壤结构，增强植株抗病能力。

五、甘薯茎线虫病

（一）病原及发生规律

1.病原 甘薯茎线虫病又称空心病，俗称糠心病，是国内植物检疫病害之一。甘薯茎线虫病最早被发现于美国新泽西州储藏甘薯上，其病原线虫为马铃薯腐烂茎线虫（*Ditylenchus destructor* Thorne）（以下称为甘薯茎线虫），属于线虫门色矛纲小杆目粒线虫科茎线虫属。

2.发生规律 甘薯茎线虫整个发育过程可分为卵、幼虫、成虫三个时期。成熟的雌虫和雄虫均是细长的蠕虫形，雌虫略大于雄虫。卵椭圆形，淡褐色。甘薯茎线虫在2℃即开始活动，7℃以上能产卵并孵化，发育适宜温度为25～30℃。当条件适宜时，每条雌虫每次产卵1～3粒，一生共产卵100～200粒，在27～28℃时，发生1代需要18天，20～24℃时需要20～26天，8～10℃时需要68天。该线虫对低温忍耐力强，不耐高温，高于35℃则不活动。甘薯茎线虫病的发生发展与甘薯品种的抗性、环境气候条件、甘薯栽培管理、土壤质地等因素有一定关系。

甘薯茎线虫属迁移性内寄生线虫，主要危害块根、块茎、鳞茎类植物的地下部。甘薯茎线虫以卵、幼虫、成虫在土壤和粪肥中越冬，或随着病薯在储藏窖中越冬。此外，田间部分杂草也能为其提供越冬场所。病薯、田间病残体、病土、病肥是甘薯茎线虫病的主要侵染源。

（二）症状及识别技术

1.危害症状 在我国，甘薯茎线虫主要危害甘薯（图6），引起甘薯茎线虫病，它可侵染甘薯的薯块、茎蔓和薯苗，属迁移性内寄生线虫。秧苗根部受害，在表皮上生有褐色晕斑，秧苗发育不良、矮小发黄，纵剖茎基部内见褐色空隙，剪断后很少或不流白浆。茎部症状多在髓部，初为白色，后变为褐色干腐状。块根症状有糠心型、糠皮型和混合型三种。糠心型：薯苗、种薯带有线虫，由染病茎蔓的线虫向下侵入薯块，病薯外表与健康甘薯无异，但薯块内部全变成褐白相间的干腐，即称褐心。糠皮型：线虫自土中直接侵入薯块，使内部组织变褐发软，呈块状褐斑或小型龟裂。严重发病时，两种症状可以混合发生，呈混合型，通常有真菌、细菌和螨类等病原的二次侵染。

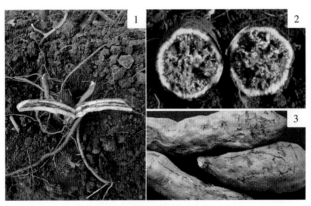

图6　甘薯茎线虫病症状
1.薯苗茎部受害症状　2.薯块横切症状　3.薯块表皮症状

2.识别技术　甘薯茎线虫病在田间的识别主要是一掂、二敲、三看。受甘薯茎线虫侵染的薯块因线虫危害而中空，所以掂起来很轻，放在水中会浮起来，敲起来有咚咚的声音，薯块里黑白相间如丝瓜瓤一般。

甘薯茎线虫病在储藏期容易与干的软腐病薯块、干腐病薯块相混，仔细看两者是有区别的，软腐病和干腐病薯块后期也会出现干心和空心状，但甘薯茎线虫病的危害是白褐相间，而软腐病和干腐病薯块仅是黑褐色的，且有酒味。

（三）综合防治技术

甘薯茎线虫病一旦发生，田间土壤、病薯、病苗及部分杂草均可成为翌年的侵染源，随着茎线虫种群的不断积累，危害逐年加重。由于甘薯茎线虫寄主十分广泛，所以作物轮作也很难对其进行有效控制。近十年通过对甘薯茎线虫的田间虫口数量、侵入方式、寄主状态、不同部位趋性、外源激素影响、药剂种类和施用方法等方面的研究，形成了"选、控、封、防"的甘薯茎线虫病综合防治技术，在9个甘薯产区进行示范推广，有效控制了甘薯茎线虫病的危害，该项技术已列入农业农村部主推技术。

1. 选：选用抗病品种、选用无病种薯

（1）选用抗病品种。生产中应用的抗茎线虫病品种较多，如商薯19、济薯26、郑红22等，这些年也筛选出一批高抗品系，如渝紫7号、宁紫薯1号、Y5、Y1、冀6-8、5145、08-33-7、广紫薯8号、商1320-2、商1312-2、冀紫7-9、烟紫薯10310、徐紫薯5号、宁28-4、徐薯33、徐渝薯35、宁6-8等。

（2）选用无病种薯。研究表明，种薯种苗是甘薯茎线虫远距离传播的主要途径，种薯带有茎线虫，排种出苗后，14天在薯苗的基部就可分离到茎线虫，成为初侵染源。种植时用药，无法控制薯苗中茎线虫的危害，茎线虫从薯苗直接侵入薯块，发病早、危害重，在大田表现出严重的糠心状。所以选用无病种薯，是防控甘薯茎线虫发生的第一关。

2. 控：控制田间虫口基数、控制苗床茎线虫侵入速度、控制薯苗携带茎线虫

（1）清洁田园，控制田间虫口基数是防控的主要措施。要控制田间虫口基数，在上年收获后，要把甘薯茎线虫病薯块清出大田，并集中消灭。

（2）喷施茉莉酸甲酯，控制苗床茎线虫侵入速度。在苗床期喷施茉莉酸甲酯，在一定时期内可控制茎线虫的侵入。

（3）采用高剪苗措施，控制薯苗带茎线虫入田。高剪苗是在距离苗床地面5厘米以上将薯苗剪下（图7），可有效防止将种薯茎线虫和其他病害带入大田。

3.封：**封闭剪苗伤口** 研究表明，茎线虫主要从薯苗移栽时基部的切口侵入，栽种时用药剂醮根封闭剪苗伤口（图8），可有效防止线虫侵入。

图7 高剪苗示意　　　　图8 药剂醮根封闭剪苗伤口

4.防：**在重病区配合使用药剂对茎线虫进行有效防控** 药剂选用三唑磷、丁硫克百威等，或在当地农业技术人员指导下，使用辛硫磷、噻唑膦等。

（张成玲　马居奎　谢逸萍　等）

主要参考文献

陈利锋,徐雍皋,方中达,1990.甘薯根腐病病原菌的鉴定及甘薯品种(系)抗病性的测定[J].江苏农业学报,6(2):27-32.

陈利锋,徐敬友,2007.农业植物病理学[M].北京:中国农业出版社.

丁中,彭德良,何旭峰,等,2007.不同地理种群甘薯茎线虫对不同类型杀线剂的敏感性[J].应用技术,46(12):851-853.

贾赵东,郭小丁,尹晴红,等,2011.甘薯黑斑病的研究现状与展望[J].江苏农业科学(1):144-147.

江苏省农业科学院,山东省农业科学院,1984.中国甘薯栽培学[M].上海:上海科学技术出版社.

谢逸萍,孙厚俊,邢继英,2009.中国各大薯区甘薯病虫害分布及危害程度研究[J].江西农业学报,21(8):121-122.

杨冬静,孙厚俊,赵永强,等,2012.甘薯紫纹羽病病原菌的生物学特性及室内药剂筛选研究[J].西南农业学报,25(5):1685-1688.

赵永强,徐振,杨冬静,等,2018.甘薯黑痣病菌的生物学特性研究[J].北方农业学报,46(5):89-92.

张鸿兴,解红娥,武宗信,等,2020.甘薯绿色高产高效技术研究[J].山西农经(2):86-90.

郑亚男,胡文忠,姜爱丽,等,2012.茉莉酸甲酯对鲜切甘薯伤害防御反应的研究[J].食品工业科技,33(2):368-372.

中国农业科学院植物保护研究所,中国植物保护学会,2015.中国农作物病虫害[M].3版.北京:中国农业出版社.

第三章

甘薯南方主要病害

南方薯区分为南方夏秋薯区和南方秋冬薯区，包括福建、广东、广西、海南、台湾以及江西、湖南、云南、贵州的部分地区。南方薯区由于雨量多、高温高湿，农作物的复种指数高，部分地区一年种植多季甘薯，长年适合多种病虫害发生，同时传统的甘薯种植方式与病虫害管理较粗放，以苗繁苗的习惯持续发展，种苗在薯区间的交流日益频繁，所以病虫害发生、扩散较严重。据不完全统计，我国南方发生的甘薯病害有蔓割病、薯瘟病、丛枝病、病毒病、疮痂病、黑腐病、软腐病等10余种。近年来，除了甘薯薯瘟病、甘薯蔓割病、甘薯疮痂病以外，新发展起来的甘薯黑腐病、甘薯基腐病、甘薯病毒病、甘薯根结线虫病等对产业威胁日益严重。如近年来在国内大规模发生的甘薯复合病毒病在南方各薯区发生流行并逐渐成为影响甘薯产业发展的主要病害之一。2015年以来，在多地出现的甘薯黑腐病、甘薯基腐病对局部地区的甘薯产生严重危害，这些病害发生地从甘薯表观上看地上部生长正常但主茎基部枯死，薯农称为烂头，可导致减产20%～80%，严重地块绝收。由于缺乏抗病资源且对病害发生流行规律不明及预测技术不成熟，短期内通过抗病品种选育或药剂防治的效果不理想，所以推广以健康种苗为核心的甘薯病害管理方案，切断病原菌通过薯苗传播是控制病害的重要途径。

一、甘薯蔓割病

（一）病原及发生规律

1. 病原　甘薯蔓割病病原菌为尖孢镰刀菌甘薯专化型[*Fusarium oxysporum* Schl. f. sp. *batatas* (Wollenw.) Snyder & Hansen]，属半知菌亚门丝孢菌纲瘤座孢目瘤座孢科。其大型分生孢子无色，镰刀形，一般为3个分隔，少数有4个或5个分隔，大小为（25～45）微米×（3～4）微米。小型分生孢子无色，单胞或具1个分隔，卵圆形至椭圆形，大小为（5～12）微米×（2.0～3.5）微米。厚垣孢子产生于菌丝或大型孢子中间细胞，成熟孢子黄褐色，球形，直径为7～10微米。

2. 发生规律　病原菌以菌丝体和厚垣孢子在病薯块内或田间病株残体上越冬，其厚垣孢子可在土中存活3年以上，因此病薯、病蔓和土壤中的病原菌均可成为翌年的初侵染源。病原菌主要在土壤中通过幼苗茎部或根部的伤口或从带病种薯中通过导管侵入苗内，在导管组织内繁殖，破坏维管束结构，致使茎基、叶柄及块根受害。植株发病后在病部产生大量孢子，通过流水或农事操作传播侵染其他植株形成再侵染。一般在大田栽后2～3周可见发病植株，之后随病害再侵染的发生，整个甘薯生长季均可见一些新的发病植株。温度高，有利于病原菌侵入扩展，27～30℃时侵入后11天即可表现出症状；温度低，则发病慢。带菌薯块和薯苗的调运是远距离传播病害的途径，而近距离传播病害主要是通过流水、农具等引起。

土壤温度和湿度会显著影响甘薯蔓割病的发生危害程度。土壤温度在15℃左右病原菌就能侵染植株，土壤温度在27～30℃时最有利于病害发展，土壤温度在25℃以下病害发展较慢，因而夏季病害发生较春季重，夏秋季的台风暴雨会造成该病流行。甘薯扦插返苗期，遇阴雨天气则发病重。生长中后期降雨多，则有利于病害蔓延扩展。栽后越早发病，损失危害也越重。

从土壤类型看，土质疏松贫瘠的酸性沙土、沙壤土地发病较重，而土质较黏、pH较高的稻田土等发病较轻。发病地连作会加重病害发生，轮作可减轻病害发生。

（二）症状及识别技术

1. 危害症状　甘薯蔓割病发生后使甘薯茎叶黄化、萎蔫，或使根颈部变黑、腐烂，造成发病薯块蒂部或整薯腐烂。发病严重的植株在拐头出现开裂或局部变褐，导致染病植株逐渐萎蔫、枯死。发病植株的根、主蔓、枝蔓、叶柄均可见纵裂症状，但多发生在近土壤的拐头部位。

2. 识别技术　苗期发病，茎基部老叶先变黄；有些无症的带菌种苗在扦插后不久叶片开始发黄，之后随着病害发展有的茎基部膨大，纵向开裂，剖视可见维管束呈黑褐色，开裂处呈纤维状。气候潮湿时在病部开裂处可见由病原菌菌丝体和分生孢子组成的粉红色霉状物。薯块发病后可造成蒂部腐烂，横切可见维管束呈褐色斑点。发病植株的叶片自下而上逐渐黄化凋萎脱落，最后全株干枯死亡。有时老叶枯死后又长出新叶，但新叶较小且叶片较厚，节间短，丛生；有些病株通过不定根吸收养分，减缓植株的凋萎死亡速度（图9）。

图9　甘薯蔓割病发病症状
1.大田发病症状　2.整株枯死　3.典型症状　4.病部纵切图

（三）综合防治技术

1.选用抗病品种 可选用金山57、广薯87、福薯2号、福薯90、福薯24、岩薯5号等抗甘薯蔓割病品种。

2.培育健康种苗 选择排灌方便、光照充足、土质肥沃的无病田块建立育苗床，选用健康种薯、净肥、净水等培育无病健苗；禁止从病区调运种薯、种苗。

3.合理轮作 重病地可与水稻、大豆、玉米等作物轮作三年以上，有条件地区最好实行水旱轮作。

4.药剂浸种 可在当地农业技术人员指导下适当使用甲基硫菌灵、多菌灵等药剂，在种薯育苗前用药液浸种的方法进行处理。

5.化学防治 可在当地农业技术人员指导下，移栽前用多菌灵等药剂配制溶液，将需扦插薯苗基部3～4节浸入药液中20～30分钟，取出晾干后扦插。扦插后在农业技术人员指导下，必要时可使用春雷霉素、多·福、多菌灵、甲霜·噁霉灵等药剂进行喷淋或浇灌。

二、甘薯疮痂病

（一）病原及发生规律

1.病原 甘薯疮痂病是一种真菌性病害，其病原菌是甘薯痂囊腔菌[*Elsinoe batatas* (Sawada) Viegas et Jenkins]，该菌属子囊菌亚门腔菌纲多腔菌目多腔菌科痂囊腔菌属。无性型为甘薯痂圆孢（*Sphaceloma batatas* Sawada），属半知菌亚门腔菌纲黑盘孢目黑盘孢科痂圆孢属。在田间常见病原菌的无性世代。病原菌以菌丝体寄生于植株的表皮细胞和皮下组织内，之后在病斑表面形成分生孢子盘，并产生分生孢子梗和分生孢子。分生孢子梗单胞，圆柱形，无色；分生孢子单胞，椭圆形，两端各含一个油点。在极少情况下可见菌丝体在干枯的病残体上形成子座及其单排、球形的子囊。子囊大小为（10 ~ 12）微米 ×（15 ~ 16）微米，内生 4 ~ 6 个透明、有隔、弯曲的子囊孢子，大小为（3 ~ 4）微米 ×（7 ~ 8）微米。

2. 发生规律　病原菌以菌丝体在甘薯病残组织内或老蔓中越冬，种苗带菌或发病薯蔓残体带菌是田间病害发展的主要初侵染源。春季气温升高时，菌丝即开始产生分生孢子盘，形成分生孢子，借气流和雨水传播，从寄主伤口或表皮自然孔口侵入。病害的潜伏期为 7 ~ 21 天，大田首先发病植株成为发病中心，病斑上产生的分生孢子传播后形成再侵染。病薯苗的调运是病害远距离传播的途径。

病原菌在 15℃ 以上时开始活动，田间发病需要 20℃ 以上，25 ~ 28℃ 为最适发病温度，因此，高温、高湿的夏季，最易造成该病的流行。我国南方薯区 4—11 月均可发病，其中 6—9 月为病害流行盛期。病原菌侵染甘薯需要有饱和湿度或水滴，连续降雨或台风暴雨，往往会导致病害发生流行高峰。

品种间抗病力的强弱差异很大，从抗、感病品种的抗性机理看，抗病品种藤蔓具有较厚的角质层，叶片气孔和幼嫩组织的腺鳞结构数目较少，表现为潜育期长，病斑少；且同一品种不同株龄皮层结构差异与感病成功与否有密切关系。品种抗性是影响重病区病害流行的重要因素。

地势和土质与发病有很大关系。山顶、山坡地比山脚、过水地发病轻；旱地比洼地发病轻；沙土、沙质壤土比黏土发病轻；排水良好的土地比排水不良的土地发病轻。

（二）症状及识别技术

1. 危害症状　该病主要危害甘薯藤蔓、嫩梢、叶柄和叶片，在甘薯上形成疮疤，影响生长，在甘薯生长发育早期发病会严重影响甘薯的产量及品质。发病严重的茎蔓扭曲变形，叶片向上卷缩，顶芽萎缩，造成新梢和叶片畸形，延缓生长，甚至全株枯死。

2. 识别技术 甘薯疮痂病侵害甘薯地上部的嫩梢、幼芽、叶片、叶柄、藤蔓等，尤以嫩叶的反面叶脉最易感染。发病初期病斑为红色油渍状的小点，之后随茎叶的生长病斑逐渐加大并突起，变为白色或黄色。突起的部分呈疣状，木质化后形成疮痂。疮痂表面粗糙开裂而凹凸不平。叶片发病后变形向内卷曲，严重的皱缩变小，伸展不开而呈扭曲畸形；嫩梢和顶芽受害后缩短，直立不伸长或卷缩呈木耳状；茎蔓被侵染后初为紫褐色圆形或椭圆形突起疮疤（图10），后期凹陷，严重时疮疤连成片，植株生长停滞，受害严重的藤蔓折断后乳汁稀少。在环境条件潮湿的情况下，病斑表面长出病原菌的分生孢子盘呈粉红色毛状物。薯块受害后表面产生暗褐色至灰褐色小点或干斑，干燥时疮痂易脱落，残留疹状斑或疤痕，造成病斑附近的根系生长受抑，健部继续生长致根变形，病薯薯块小而多，呈不规则形。

1   2

图10 甘薯疮痂症状
1.叶片症状 2.茎部症状

（三）综合防治技术

1. 选用抗病品种 选用抗病品种是防治疮痂病发生危害的有效途径，也是综合防治的关键措施。大田生产可选种湘农黄皮、广薯70-9、广薯15等抗病品种。

2. 做好薯苗病原菌检疫　先划分无病区与保护区，禁止从疫区调运种苗至保护区，防止病薯（苗）扩大蔓延。

3. 培育无病健苗　选择排灌方便、光照充足、土质肥沃的无病田块建立育苗床，结合健康的种薯培育无病健苗。

4. 改进耕作制度和栽培技术　坚持轮作，尤以水旱轮作为好。提倡秋薯留种，培育无病壮苗；施肥时勿偏施氮肥，适当多施磷钾肥，以增强其抗病性。提倡施用酵素菌沤制的堆肥，多施有机肥料或施入土壤添加剂，有抑制发病的作用。

5. 清洁田园　在收获后，尽量清除田间病株、残体，集中烧成灰肥或深埋土中，消灭病源。

6. 化学防治　发病初期，可在当地农业技术人员指导下适当使用甲基硫菌灵、多菌灵等药液进行喷雾，每亩施药液50～60升，隔10天1次，连续防治2～3次。

三、甘薯瘟病

（一）病原及发生规律

1. 病原　甘薯瘟病是一种细菌性病害，其病原菌为茄雷尔氏菌 [*Ralstonia solanacearum* Yabuuchi et al. /*Burkholderia solanacearum* (Smith) Yabuuchi et al. /*Pseudomonas solanacearum* Smith]，属薄壁菌门劳尔氏菌属。最适生长温度为27～34℃，最高温度为40℃，最低温度为20℃，致死温度为53℃（10分钟）。最适生长pH为6.8～7.2。菌株间致病力存在分化。薯瘟病病原菌是好气性菌，在水田里只能生存1年左右，在旱地里可存活3～4年。福建省农业科学院植物保护研究所方树民研究员认为，甘薯瘟菌株主要分为两个具有毒性差异的菌系群或致病型，即Ⅰ型和Ⅱ型。福建省农业科学院刘中华等采用RAPD技术，对甘薯瘟Ⅰ型和Ⅱ型病原菌的基因组DNA分析表明，两种致病型基因组

DNA之间存在差异。

2. 发生规律 病原菌在病薯、病蔓和病田土壤中越冬。采用病薯或带菌土育出的带菌苗移栽大田可传播病害。病薯和病苗的调运是远距离传播病原菌引起发病的主要原因。饲喂病薯、病蔓的牲畜排出的粪便中病原菌依然可以存活。在田间,病害通过施用未腐熟的带菌粪便及土杂肥、流水、人畜和农具黏附病土、地下害虫或田鼠等途径进行传播。病原菌可从切口或伤口侵入,也可从侧根侵入,但发病较迟。薯块形成后,病原菌从地下茎侵入,经藤头进入块根,也可从薯块顶端或须根侵入而致病。

甘薯瘟病的发生和危害与气候、品种、地势和土质、耕作制度等关系密切。

(1)气候。主要是温度和湿度的影响,在20～40℃甘薯瘟病都能繁殖,以27～32℃和相对湿度80%以上生长繁殖最快,危害也最重。南方各薯区高温高湿的6—9月是发病盛期,此期如遇强降雨或台风暴雨,常出现发病高峰。

(2)品种。据研究,目前尚无免疫甘薯瘟病的品种,在甘薯瘟病的老病区由于病菌毒性基因变异和分化,品种间抗病力强弱不一。湘农黄皮、华北48、新汕头、广薯3号、湘薯75-55、台农3号、台农46和桂农1号等品种较抗薯瘟病。

(3)地势和土质。地势低洼、排水不良的黏质土壤,水分多的山脚和平地,比山顶、坡地、旱地或排水较好的沙质壤土发病重。偏碱性的海滩地比酸性的红黄壤发病轻。

(4)耕作制度。连作地不仅导致甘薯产量下降,而且发病逐年加重。水旱轮作2～3年及以上,可以明显减轻甘薯瘟病的发生。

(二)症状及识别技术

1. 危害症状 发病植株于晴天中午萎蔫呈青枯状,维管束具黄褐色条纹,发病后期各节上的须根变黑腐烂,易脱皮。发病轻的薯块薯蒂、尾根呈水渍状变褐，发病重者薯皮现黄褐色斑，横切面可见黄褐色斑块，纵切面可见黄褐色条纹。发病薯块有苦臭味，蒸煮不烂，失去食用价值；严重时整个薯块组织全部烂掉，带有刺鼻性臭味。

2.识别技术　甘薯瘟病是土传的系统性维管束病害，从育苗到结薯期均能发生。病原菌从植株伤口或薯块的须根基部侵入，破坏维管束组织，阻止植株水分和营养物质的运输，使叶片青枯垂萎。虽然整个生长期都能危害，但各个时期的症状不同。

（1）育苗期症状。带菌种薯育苗，当长出的苗高15厘米左右时，植株上部的1～3片叶首先凋萎，苗基部呈水渍状，后逐渐变黄褐色至黑褐色，严重的青枯死亡。晴天在阳光照射下，植株凋萎较明显；早晚或阴雨天凋萎不明显，但观察病苗基部，亦可见水渍状病斑；折断病苗，其乳汁稀少且无黏性；纵剖茎蔓，可见维管束由下而上变黄褐色。

（2）大田期症状。病苗栽后不发根，几天后枯死。健康苗移栽后，田间病原菌可从剪口入侵，当株高30厘米左右时，发病植株叶片暗淡无光泽，晴天中午萎蔫。茎基部和入土茎部尤以切口附近，呈明显的黄褐色或黑褐色水渍状。纵剖发病植株的茎，维管束变成条状黄褐色，严重者地下茎部枯死，仅存纤维组织或全部腐烂（图11）。

当甘薯茎蔓已长出许多不定根时发病，病株茎叶不表现明显的萎蔫症状，但基部的1～3个叶片往往变黄，且地下拐头附近明显呈黄褐色。折断拐头，纵剖茎蔓，可见维管束呈黄褐色条纹。多数须根呈水渍状，用手拉极易脱皮。病株若经提蔓，使不定根折断，即易青枯死亡。

（3）薯块症状。轻度感病薯块症状不明显，但薯拐部分呈黑褐色，尾根水渍状，手拉易脱皮。中度感病的薯块因病原菌已侵入薯块，薯皮呈片状黑褐色水渍状病斑，纵切薯块可见黄褐色条斑，横切则为黄褐色斑点或斑块，乳汁明显减少，有苦臭味，蒸煮不烂，失去食用价值。严重感病的薯块，薯皮发生片状黑褐色水渍状病斑（图12），薯肉为黄褐色，以致全部腐烂，带有刺鼻臭味。

图11　甘薯瘟病植株症状　　　图12　甘薯瘟病薯块症状

（三）综合防治技术

1.加强检疫　做好病情普查工作，划分病区、保护区和无病区，严格检疫。严禁病区的病薯、病苗等上市出售或出境传入无病区，防止扩大蔓延。不用病区牲畜的粪便作为甘薯肥料，以防止病害传播。

2.选用抗病良种　可根据当地病原菌的致病菌群，选用抗病或耐病性强的广薯87、福薯604、福薯90、湘薯75-55、金山57等品种。

3.培育无病壮苗　提倡用秋种甘薯留种育苗，以提高品种种性，防止退化。用净种、净土、净肥培育无病壮苗，能增强抗病性。

4.合理轮作　若条件允许最好采用水旱轮作，或与玉米、高粱、大豆等作物进行轮作，是防治此病的重要措施，但应避免与马铃薯、烟草、番茄等茄科作物轮作。

5.清洁田园　病薯和病残体带有大量病原菌，收获时应对田间病残体进行集中无害化处理。

6.土壤消毒 在当地农业技术人员的指导下，适当考虑采用石灰、硫黄等对土壤进行消毒处理，或施用石灰氮作基肥，具有消毒土壤、调节土壤酸碱度，从而降低病害发生的作用。

7.药剂防控 在当地农业技术人员指导下，适当考虑使用中生菌素、春雷·王铜、多黏芽孢杆菌等药剂进行薯苗处理和大田喷淋处理。

四、细菌性黑腐病

（一）病原及发生规律

1.病原 方树民1991年将甘薯细菌性黑腐病病原菌鉴定为欧文氏菌（*Erwinnia* sp.），黄立飞等2011年分离鉴定甘薯茎腐病的病原菌为菊欧文氏菌（*E. chrysanthemi*）。两地报道的病害症状类似，经对广东、广西、海南、福建等省份类似症状病害样本病原菌分离鉴定，各地黑色腐烂的甘薯茎上分离的强致病细菌在生理生化上相似，其病原菌的最新分类地位为 *Dickeya dadantii*。该菌可在薯块、薯苗、病残体以及根际土壤中生存，也可在其他寄主植物中生存成为病害的初侵染源。病原菌生长适宜温度为28～37℃，致死温度为54℃（10分钟）。最适pH为4～8。

2.发生规律 甘薯地残留在土壤中的病残体是翌年发病的主要初侵染源。病原菌主要通过耕作栽培形成的伤口侵入，也可通过昆虫等造成的其他伤口侵入。通过种苗、种薯以及其他植物材料传播，也可通过农事操作过程中使用的机械、流水和土壤等传播。

土壤过湿和多雨天气有利病害发生流行。甘薯栽种时遇过程性降雨造成土壤水分含量过高，有利病原菌侵入，表现为前期发病早、流行快。偏施氮肥或过施氮肥及田间排水不良，是加快甘薯前期病害流行和增加病死株的原因。甘薯膨大期降雨多，可造成病害再次流行，病株率高。如遇台风暴雨洪水冲泡，可造成全田发病。前期病株率与鲜薯产量呈显著负相关，后期零星发病的病株率与产量的相关性不明显。

（二）症状及识别技术

1.**危害症状** 大多植株发病茎部自下而上变黑软腐、烂倒死亡，髓部消失成空腔；偶见藤蔓中部茎变黑腐烂；薯块发病变黑软腐，腐烂组织有恶臭味。

2.**识别技术** 甘薯种植后大田发根长苗期始见病株，薯苗茎部自下而上突然变黑软腐、烂倒死亡。叶片呈水渍状暗绿色至黄褐色。根茎维管束组织有明显的黑色条纹、髓部消失成空腔，并有恶臭味。甘薯生长后期病原菌侵入植株发病后，较少造成死株，分枝症状在主蔓节上终止，主蔓发病症状在长出分枝的节位上终止（图13）。在分枝结薯期若遇台风暴雨，病斑从茎伤口处沿上下扩展，致使茎部呈暗褐色至深黑色湿腐，干缩时病茎常出现纵裂，症状类似于镰刀菌枯萎病。栽插后早期发病的多数是整株枯死，到中后期发病则造成1~2个枝条枯死。收获时病株及某些地上部无症状的植株，其拐头腐烂呈纤维状，地下薯块个别变黑软腐或薯块全部腐烂。

1   2

图13　甘薯黑腐病发病症状
1.植株侧枝发病　2.茎部症状

（三）综合防治技术

目前尚未筛选出有效的抗病品种资源，在生产上无可推广的抗病品种，建议从以下几个方面进行防治。

1.**加强检疫** 截住病原，控制疫区，严禁从病田留种育苗以及从发病区引种、调苗，以防病害随病薯、病苗向无病区传播蔓延。

2.**培育无病薯苗** 选择排灌方便、土质肥沃、避风的田块建立无病育苗床，培育健苗。

3.**减少薯苗、薯块伤口** 规范所有农事操作，以避免造成伤口。

4.**强化安全剪苗** 选择晴朗天气，实行高剪苗，剪口离地面5厘米，不剪爬地薯苗。避免用水浸或洗苗。

5.**加强水肥管理** 采用高畦种植，雨后及时排水，降低土壤湿度。控制氮肥施用量，多施磷肥、钾肥或施用专用复合肥。

6.**实行轮作** 有条件的地方可实行水旱轮作，或与玉米、大豆等非寄主作物轮作三年以上。

7.**化学防治** 在当地农业技术人员指导下，适当使用春雷霉素、中生菌素、春雷·王铜、氧化亚铜、噻菌铜等药液进行浸苗处理，发现中心病株后进行喷药处理。

五、甘薯丛枝病

（一）病原及发生规律

1.**病原** 甘薯丛枝病是由甘薯丛枝植原体（*Sweet potato withches broom phytoplasmas*）引起的一种病害。在病株叶脉韧皮细胞中可见植原体，大小为100～750纳米。该植原体野生寄主有牵牛（*Ipomoea nil*）、圆叶牵牛（*Pharbitis purpurea*）、厚藤（*Ipomoea pes-caprae*），试验寄主有刺毛月光花（*Ipomoea setosa*）、三裂叶薯（*Ipomoea triloba*）、锐叶牵牛（*Ipomoea indica*）、三色牵牛（*Ipomoea ericolor*）和长春花（*Catharanthus roseus*）等。它可通过叶蝉进行持久性传播。病原菌的潜伏期长，通过嫁接接种甘薯后潜伏期可达283天。近年发现马铃薯Y病毒组的线状病毒和植原体复合侵染也可引起甘薯丛枝病。

2. **发生规律**　甘薯病藤、病薯上的植原体是甘薯丛枝病的初侵染源。干旱瘠薄地、连作地、早栽地发病重。该病通过叶蝉、粉虱、蚜虫等昆虫介体进行传播。田间以昆虫传播为主，非介体传播主要通过无性繁殖薯块、薯苗，这也是远距离传播的主要途径。可通过嫁接传播该病，而不会通过种子、土壤传病。

凡用病薯、病藤育成的薯苗，特别是病区以越冬老蔓育苗，因薯苗多带有病原物，故移栽到大田里即可发病，造成减产。每当粉虱、蚜虫、叶蝉等传毒的介体昆虫大量发生时，此病就严重发生；年降水量小或遇持续干旱时有利于介体昆虫繁殖，进而导致病害流行。干旱瘠薄的土壤比湿润肥沃的土壤发病较重，连作地比轮作地发病重，早栽的比迟栽的发病重。

（二）症状及识别技术

1. **危害症状**　该病在苗床期、大田生长期均可发生，造成甘薯植株节间缩短，叶片变小，形成丛枝和簇叶，不结薯或结小薯，薯块干瘪，薯皮粗糙或长有突起物，颜色较正常薯皮深，发病的薯块煮不烂，失去食用价值。

2. **识别技术**　甘薯丛枝病发病后主蔓萎缩变矮，侧枝丛生和小叶簇生（图14），叶浅黄色，叶片薄且细小、缺刻增多。侧根、须根细小、繁多。植株生长早期感染该病后，开始是顶蔓的叶片变小、萎缩、叶色较淡，之后蔓的下部侧芽不断萌发，节间缩短，形成丛枝和簇叶。病叶一般会较正常叶片小，有的叶片大小虽改变不大，但其表面粗糙、皱缩，叶片增厚，有的叶片叶缘还会向上卷，病叶乳汁较健叶少而色淡。花器叶化，花瓣五裂呈绿色，有的花器呈扭曲状，不结实。甘薯生长早期感病的植株大部分不结薯或结小薯。中后期染病植株结的薯块小且干瘪，薯皮粗糙或长突起物，颜色变深。

1　　　　　　　　　　　　　　2

图14　甘薯丛枝病发病症状
1.叶片症状　2.侧枝丛生症状

（三）综合防治技术

1.加强检疫　截住病原，控制疫区，严禁到病区引种、调苗，以防病害随病薯、病苗向无病区传播蔓延。建立无病薯苗繁育基地，防止病害因调运薯苗向外传播蔓延。

2.选用抗病良种　现栽培的甘薯品种尚未发现对丛枝病免疫的品种，但品种的抗性有明显差异。在生产上可选用汕头红、金山57、福薯2号、龙薯9号等较抗病的品种。

3.清除初侵染源　过冬老蔓是该病的主要初侵染源，也是媒介昆虫越冬、大量繁殖传播的重要场所。因此，禁止用过冬老蔓作为薯块育苗，选用无病薯块，培育无病薯苗是清除初侵染的关键环节。另外，在收获甘薯后应立即彻底清除病薯和病株残体，及时拔除苗地与大田病株，尤其要及早拔除净苗地和早栽薯田的早期病株。

4.治虫防病　病害在田间以虫传为主，加强苗圃治虫防病是减轻病害的重要措施之一。甘薯苗圃选择避风向阳的温暖地带，此地带也正好是叶蝉、红蜘蛛、蓟马、粉虱等迁入越冬的好场所。因此，必须经常对苗圃进行巡察，见到病株立即拔除，及时防治粉虱、蚜虫、叶蝉等传毒昆虫。在大田甘薯收获后，要抓紧薯地的治虫工作，把虫媒消灭在传播病害之前。在田间丛枝病发病初期，每隔5～7天查苗1次，发现病株立即拔除，补栽无病壮苗。定期调查虫情，做到适时喷洒农药，灭虫防病。

5. **推广薯田套种** 大豆或花生与甘薯套种可明显减轻发病，比单作甘薯降低发病率31%～42%，鲜薯产量则高过单作早薯78%～96%，还具有利用空间多种一季、充分利用生长季节、用地养地相结合等好处。

6. **加强栽培管理** 实行轮作，施用酵素菌沤制的堆肥或腐熟有机肥，增施钾肥，适时灌水，促进植株健康生长，增强抗病性。

（邱思鑫　刘中华　张鸿　等）

主要参考文献

方树民,邹景禹,陈玉森,1994.甘薯品种对薯瘟病抗性的研究[J].福建农业大学学报(自然科学版),23(2): 154-159.

方树民,陈玉森,郭小丁,2001.甘薯兼抗薯瘟病和蔓割病种质筛选鉴定[J].植物遗传资源科学,2(1): 37-39.

方树民,柯玉琴,黄春梅,等,2004.甘薯品种对疮痂病的抗性及其机理分析[J].植物保护学报,31(1): 38-44.

黄立飞,罗忠霞,房伯平,等,2010.我国甘薯新病害茎腐病的研究初报[J].植物病理学报,41(1): 18-23.

谢联辉,林奇英,刘万年,1984.福建甘薯丛枝病的病原体研究[J].福建农学院学报(自然科学版),13(1): 85-88,87-90.

中国农业科学院植物保护研究所,中国植物保护学会,2015.中国农作物病虫害[M].3版.北京:中国农业出版社.

Clark C A, Moyer J W, 1988.Compendium of sweet potato diseases[M].

Minnesota: APS Press.

Gibb K S, Padovan A C, Mogen B D, 1995. Studies on sweet potato little-leaf phytoplasma detected in sweet potato and other plant species growing in Northern Australia [J]. Phytopathology, 85(2): 169-174.

Lee Y H, Cha K H, Lee, et al., 2004. Cultural and rainfall factors involved in disease development of Fusarium wilt of sweet potato [J]. Plant Pathol. J. 20: 92-96.

Ramsay M, Vawdrey L L, Hardy J, 1988. Scab (*Sphaceloma batatas*) a new disease of sweet potatoes in Australia: fungicide and cultivar evaluation [J]. Australian Journal of experimental Agriculture, 28: 137-141.

第四章

甘薯储藏期主要病害

甘薯储藏期病害主要有甘薯黑斑病、甘薯软腐病、甘薯黑痣病、甘薯干腐病等。储藏期病害的发生与储藏的温度、湿度、空气和收获时的症状有直接关系。要保证甘薯储藏期安全，减少储藏期病害造成的损失；收获时要尽量减少伤口、不受冻害；储藏时要保证温度控制在10～15℃，湿度控制在85%～90%，氧气充足。

一、甘薯软腐病

（一）病原及发生规律

1.病原 甘薯软腐病病原菌不止一种，都属于接合菌亚门接合菌纲毛霉目毛霉科根霉属，其优势病原菌为黑根霉菌（*Rhizopus nigricans* Ehr.）。菌丝初无色，后变暗褐色，形成匍匐根。无性态由根节处簇生孢囊梗，直立，暗褐色，顶端着生孢子囊。孢子囊黑褐色，球形，囊内产生很多深褐色孢子。孢子单胞，球形、卵形或多角形，大小为11～14微米，表面有条纹。成熟时孢子囊膜破裂，散出大量孢囊孢子。在条件适宜的情况下，孢囊孢子萌发产生芽管并进一步长成无隔菌丝。有性态产生黑色接合孢子，但极少见，球形表面有突起。

2.发生规律 病原菌附着在受害作物和储藏窖内越冬，为初侵染源。病原菌从伤口侵入，病组织产生孢囊孢子借气流传播，进行再侵染。薯块损伤、冻伤，易被病原菌侵染。病原菌菌丝生长最适宜温度为23～26℃；产生孢囊孢子最适宜的温度为23～28℃；孢子萌发的最适温度为26～28℃；发病的最适温度15～23℃。相对湿度78%～84%有利于病害发生，由于孢子侵入并不需要饱和的湿度，故侵入以后，虽在较低的相对湿度下仍能继续危害；气温29～33℃，相对湿度高于95%不利于孢子形成及萌发，但利于薯块愈伤组织形成，因此发病轻。病原菌侵染循环见图15。

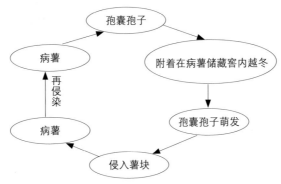

图15　甘薯软腐病病原菌侵染循环

（二）症状及识别技术

1. **危害症状**　薯块发病初期，外部症状不明显，仅薯块变软，呈水渍状，发黏。薯皮破后流出黄褐色汁液，有酒香味，如果伴有其他微生物生长，则发出酸霉味和臭味，以后干缩成硬块（图16）。病原菌侵入多由一点或多点横向发展，很少纵向发展。病原菌自薯块中腰部侵入导致的坏烂称为环腐型；病原菌自头部侵入导致薯块半段干缩成为顶腐型。

2. **识别技术**　甘薯软腐病较容易识别，侵染初期薯块表面往往长出灰白色菌丝，后变暗色或黑色，病组织变为淡褐色水溃状，以后在病部表面长出大量灰黑色菌丝及孢子，2～3天整个薯块即呈软腐状，从薯皮破口处流出黄色汁液，发出酸霉味。若表皮未破，水分蒸发，薯块干缩并僵化。

图16　薯块软腐病症状

（三）综合防治技术

（1）适时收获，避免伤口。

（2）入窖前精选健薯。病原菌可通过薯块间的接触从病薯传到健薯，入窖前应淘汰病薯，将健薯表面水分晾干后适时入窖。入窖前清理、熏蒸薯窖。

（3）科学管理，对窖储甘薯应据甘薯生理反应、气温和窖温变化进行3个阶段管理。

①储藏初期，即入窖后30天内，由于薯块生命活力旺盛，呼吸强度大，放出大量的热量、水分和二氧化碳，从而形成高温高湿的环境条件。因此，这段时间的主要工作是通风、降温和散湿，温度控制在15℃以下，相对湿度控制在90%～95%。具体措施就是利用通风孔或门窗，有条件的利用排风扇，加强通风。如果白天温度高，可以采取晚上打开、白天关闭的方法。以后随着温度的逐渐下降，通风孔可以日开夜闭，待窖温稳定在15℃以下时可不再通风。

②储藏中期，即12月至翌年2月低温期，是一年中最冷

的季节，应注意保温防冻，使窖温不低于10℃，最好控制在12～14℃。具体措施是封闭通风孔或门窗，加厚窖外保温层，薯堆上覆盖草垫或软草。

③储藏后期，即3月以后外界气温逐渐升高，要经常检查窖温，保持在10～14℃，中午温度过高及时通风，傍晚及时关闭风口，使窖温保持在适宜范围内。

二、甘薯干腐病

（一）病原及发生规律

1.病原　甘薯干腐病是甘薯储藏期的主要病害之一。江苏、浙江、山东等省份发生普遍。1976年在山东历城重点调查，平均发病率49.6%，严重的达72%。一般损失约2%左右，严重时甚至全窖发病，损失颇大。

甘薯干腐病有两类病原：第一类干腐病的病原菌有数种，均属于半知菌亚门瘤座孢目镰刀菌属，主要有尖镰刀菌[*Fusarium oxysporum* (Schlecht.) Snyd. & Hans.]、串珠镰刀菌[*F. moniliforme* (Sheldon) Snyd. & Hans.]、腐皮镰刀菌[*F. solani*(Sacc.) Mart.]。第二类干腐病的病原菌是子囊菌亚门间座壳属的甘薯间座壳菌（*Diaporthe batatatis* Harter et Field）。无性态为半知菌亚门球壳孢目拟茎点霉属甘薯拟茎点霉（*Phomopsis batatis* Ell. et Halst.）。

2.发生规律　甘薯镰刀菌初侵染源是种薯和土壤中越冬的病原菌。带病种薯在苗床育苗时，病原菌侵染幼苗；带菌薯苗在田间呈潜伏状态，甘薯成熟期病原菌可通过维管束到达薯块。主要从伤口侵入，储藏期扩大危害，收获时遇冷、过湿、过干都有利于储藏期干腐病的发生。甘薯干腐病发病最适温度为20～28℃，32℃以上病情停止发展。

（二）症状及识别技术

1. 危害症状 甘薯干腐病有两种类型，在收获初期和整个储藏期均可侵染危害。

一类是由半知菌亚门镰刀菌属的一些株系引起，这类干腐病在薯块上散生圆形或不规则形凹陷的病斑，发病部分薯皮不规则收缩，皮下组织呈海绵状，淡褐色，病斑凹陷，进一步发展时，薯块腐烂呈干腐状。后期才明显见到薯皮表面产生圆形或近圆形病斑。病斑初期为黑褐色，以后逐渐扩大，直径1～7厘米，稍凹陷，轮廓有数层，边缘清晰。剖视病斑组织，上层为褐色，下层为淡褐色糠腐。受害严重的薯块，大、小病斑可达10个以上（图17）。此种类型与黑斑病很相似，但病斑以下组织比黑斑病较疏松，且呈灰褐色，而黑斑病剖面组织近墨绿色，质地硬实。在储藏后期，此类病原菌往往从黑斑病病斑处相继侵入而发生并发症。

图17　甘薯干腐病症状

另一类是由子囊菌亚门间座壳属的甘薯间座壳菌引起，这类干腐病多在薯块两端发病，表皮褐色，有纵向皱缩，逐渐变软，薯肉深褐色，后期仅剩柱状残余物，其余部分呈淡褐色，组织坏死，病部表现出黑色瘤状突起，似鲨鱼皮。

2. 识别技术 甘薯干腐病是储藏期病害，常在甘薯顶部发生。发病后薯皮颜色变暗，褐色或黑褐色，表皮有时有瘤状突起。甘薯发病部位呈不规则收缩状，病斑凹陷，皮下组织呈海绵状，淡褐色，切开后薯肉呈灰褐色糠腐状。

（三）综合防治技术

（1）培育无病种薯。选用三年以上的轮作地作为留种地，从春薯田剪蔓或从采苗圃高剪苗栽插夏秋薯。

（2）精细收获，小心搬运，避免薯块受伤，减少感病机会。

（3）清洁薯窖，消毒灭菌。旧窖要打扫清洁，或将窖壁刨一层土，然后用硫黄熏蒸（每立方米用硫黄15克）。北方可采用大屋窖储藏，入窖初期进行高温愈合处理。

（4）种用薯块入窖前用50％甲基硫菌灵可湿性粉剂500～700倍液，或用50%多菌灵可湿性粉剂在当地农业技术人员的指导下使用，浸蘸薯块1～2次，晾干入窖。

（孙厚俊　杨冬静　谢逸萍　等）

主要参考文献

陈利锋,徐敬友,2007.农业植物病理学[M].北京:中国农业出版社.

江苏省农业科学院,山东省农业科学院,1984.中国甘薯栽培学[M].上海:上海科学技术出版社.

陆漱韵,刘庆昌,李惟基,等,1998.甘薯育种学[M].北京:中国农业出版社.

谢逸萍,孙厚俊,邢继英,2009.中国各大薯区甘薯病虫害分布及危害程度研究[J].江西农业学报,21(8):121-122.

杨冬静,徐振,赵永强,等,2014.甘薯软腐病抗性鉴定方法研究及其对甘薯种质资源抗性评价[J].华北农学报,29(增刊):54-56.

杨冬静,孙厚俊,张成玲,等,2017.不同培养基对甘薯干腐病菌产孢的影响[J].金陵科技学院学报,33(3):51-54.

钟丽娟, 赵新海, 张庆华, 等, 2009. 甘薯软腐病菌的分离鉴定及室内抑菌试验[J]. 山东农业科学 (7): 87-88, 108.

钟丽娟, 赵新海, 张庆华, 等, 2012. 甘薯软腐病菌的分离鉴定及室内抑菌试验[J]. 山东农业科学, 7(87): 88, 108.

中国农业科学院植物保护研究所, 中国植物保护学会, 2015. 中国农作物病虫害[M]. 3版. 北京: 中国农业出版社.

第五章

甘薯病毒病害

甘薯病毒病是危害甘薯的一类重要病害，可导致甘薯产量降低和品种变劣。我国甘薯上的病毒种类较多，甘薯植株感染病毒后，可表现紫斑、花叶、明脉、皱缩以及植株矮化等症状，对甘薯生产造成严重影响。近年来，甘薯复合病毒病（SPVD）和甘薯双生病毒在我国甘薯上发生较为严重，扩散蔓延较快，局部暴发成灾，严重威胁我国甘薯安全生产。

一、甘薯病毒病的一般知识

（一）甘薯病毒的主要种类

目前，世界上已报道侵染甘薯的病毒有30余种，在我国甘薯上至少存在甘薯褪绿矮化病毒（*Sweet potato chlorotic stunt virus*，SPCSV）、甘薯羽状斑驳病毒（*Sweet potato feathery mottle virus*，SPFMV）、甘薯病毒G（*Sweet potato virus G*，SPVG）、甘薯潜隐病毒（*Sweet potato latent virus*，SPLV）、甘薯病毒C（*Sweet potato virus C*，SPVC）、甘薯病毒2（*Sweet potato virus 2*，SPV2）、甘薯褪绿斑病毒（*Sweet potato chlorotic fleck virus*，SPCFV）、甘薯轻斑驳病毒（*Sweet potato mild mottle virus*，SPMMV）、甘薯轻斑点病毒（*Sweet potato mild speckling virus*，SPMSV）、甘薯杆状病毒A（*Sweet potato badnavirus A*，SPBV-A）、甘薯杆状病毒B（*Sweet potato badnavirus B*，SPBV-B）、甘薯无症病毒

(*Sweet potato symptomless virus*-1，SPSMV-1）和甘薯双生病毒
(sweepoviruses) 等20种病毒。

1. **甘薯褪绿矮化病毒** 甘薯褪绿矮化病毒属长线形病毒
科(*Closteroviridae*)毛形病毒属(*Crinivirus*)。SPCSV主要通过
烟粉虱以半持久方式进行传播。SPCSV的寄主范围较窄，主要
侵染旋花科植物。SPCSV单独侵染甘薯和巴西牵牛（*Ipomoea*
setosa）时产生的症状比较轻微，表现为叶片褪绿，中下部叶
片变紫色或黄化等。SPCSV病毒颗粒为长丝线状，颗粒长度为
850 ~ 950纳米，直径为12纳米。病毒基因组为双组分单链正
义RNA，基因组大小约为17 600个核苷酸。根据血清学关系和
核苷酸序列，SPCSV可划分为东非（EA）和西非（WA）两个
株系。我国甘薯上存在EA和WA两个株系，WA株系是我国的优
势株系。

2. **马铃薯Y病毒属病毒** 危害甘薯的马铃薯Y病毒属病毒
种类较多，主要包括SPFMV、SPVC、SPVG、SPLV、SPV2和
SPMSV 6种病毒。这类病毒主要通过传毒介体蚜虫进行传播，
它们单独侵染甘薯时引起的症状较轻或不表现症状（图18、图
19）。SPFMV是甘薯上分布最广泛的病毒，在我国甘薯主要产
区都有发生。SPFMV侵染甘薯后，在叶片上常表现为紫斑、紫

图18 马铃薯Y病毒属病毒危害甘薯　图19 马铃薯Y病毒属病毒危害
　　　后叶片症状　　　　　　　　　　　甘薯后整株症状

环斑、不规则羽状斑等。SPFMV侵染后造成的产量损失一般为20%～30%，严重的可达50%以上。SPFMV可划分为O、RC和EA 3个株系，三者在我国甘薯上均存在，其中O株系分布最广泛，是我国优势株系，其次分别为RC株系和EA株系。SPVG在我国的分布仅次于SPFMV，SPVG的种群构成较复杂，我国甘薯上至少存在CH和CH2 2个株系，CH株系比CH2株系分布更广。

　　3.**甘薯双生病毒**　甘薯双生病毒是甘薯上一类重要的病毒，包含的种类最多。根据国际病毒分类委员会（ICTV）第十次报告，甘薯双生病毒包含13个种，目前我国甘薯上至少存在甘薯曲叶病毒（SPLCV）、甘薯中国曲叶病毒（SPLCCNV）、甘薯乔治亚曲叶病毒（SPLCGoV）、甘薯河南曲叶病毒　（SPLCHnV）、甘薯四川曲叶病毒1（SPLCSiV-1）、甘薯四川曲叶病毒2（SPLCSiV-2）等8种双生病毒。甘薯双生病毒主要通过烟粉虱以持久方式进行传播。感染该类病毒的甘薯植株表现为叶片上卷、叶脉黄化、植株矮化等症状（图20、图21）。甘薯双生病毒侵染甘薯一般可引起11%～86%的产量损失。

图20　甘薯双生病毒危害甘薯后叶片症状

图21　甘薯双生病毒危害甘薯后整株症状

4.甘薯复合病毒病　SPVD是由甘薯褪绿矮化病毒（SPCSV）、甘薯羽状斑驳病毒（SPFMV）共同侵染甘薯引起的一种病毒病害，感染SPVD的甘薯表现为叶片扭曲、皱缩、花叶、畸形以及植株严重矮化等症状（图22）。SPVD对甘薯产量影响极大，一般可使甘薯减产50%～90%，甚至绝收，是甘薯上的毁灭性病害。2012年我国首次报道SPVD，目前我国主要甘薯产区均有SPVD发生。SPVD已成为影响我国甘薯生产的重要限制因素之一。

图22　SPVD在田间造成严重危害

（二）甘薯病毒病的传播途径

甘薯病毒病的传播可分为远距离传播和田间近距离传播，甘薯是无性繁殖作物，靠无性繁殖体进行繁殖，甘薯感染病毒后，病毒主要通过薯块或薯苗等营养繁殖体进行世代传递和远距离传播。甘薯病毒在田间近距离传播主要通过烟粉虱、蚜虫等传毒介体进行。病毒种类的不同，传毒介体也不同。SPCSV和甘薯双生病毒这两大类病毒主要通过烟粉虱进行传播，而马铃薯Y病毒属病毒，如SPFMV、SPVG、SPLV等，主要通过蚜虫进行传播。此外，已知的甘薯病毒都可通过嫁接进行传播，部分病毒如甘薯双生病毒和甘薯杆状病毒等可通过实生种子进行传播。

（三）甘薯病毒病对甘薯产业的危害

病毒病是威胁甘薯生产的重要病害，导致甘薯产量降低和种性退化，成为甘薯产业发展的重要限制因素。甘薯的整个生育期都能受到病毒侵染，甘薯被病毒侵染后，植株的生长势衰退，叶片出现紫斑、黄化、花叶、明脉、皱缩等症状，植株生长异常，造成甘薯产量降低，品质变劣。甘薯是无性繁殖作物，一旦感染上病毒病，病毒就会在甘薯体内不断积累，代代相传，使病害逐代加重，对甘薯生产造成严重危害。

由于甘薯病毒种类很多，多种病毒可通过介体昆虫传播，田间的复合侵染率很高，目前SPVD已在我国甘薯种植区广泛分布，SPVD对甘薯产量影响很大，依品种不同可减产57%～98%，甚至绝收。SPVD已成为影响我国甘薯生产的重要限制因素之一。

二、甘薯病毒病的检测和识别技术

（一）甘薯病毒的检测技术

病毒检测技术是诊断甘薯病毒病的重要手段，检测结果可为病毒病有效防控提供依据。其中，对普通的甘薯种植户来说，了解甘薯病毒病的常见症状，掌握病毒病识别技术对甘薯病毒病的初步诊断和早期防控很重要。

目前，甘薯病毒常见检测方法有症状学诊断法、指示植物检测法、血清学检测法和分子生物学检测法等。其中，症状学诊断和指示植物检测是病毒病初步鉴定常用的方法，也是基层单位或薯农可以使用的方法，而血清学检测和分子生物学检测法在普通病毒检测实验室使用最为普遍。

症状是诊断甘薯病毒病的重要依据。一般根据甘薯植株是否出现病毒病的典型症状来初步判断甘薯是否感染病毒病。甘薯病毒病的症状类型主要包括叶片斑点型、花叶型、卷叶型、叶片皱缩型、叶片黄化型以及植株矮化型等。甘薯病毒病的症状常受病毒种类、甘薯品种类型、生长阶段以及环境条件等因素的影响，因此症状学诊断只能作为初步判断和一种辅助手段。

指示植物检测法是病毒病重要的检测方法。巴西牵牛对大多数甘薯病毒敏感，是检测甘薯病毒最常用的指示植物，一旦被感染能很快表现出明显症状。在检测甘薯植株是否感染病毒时，通常将待检植株嫁接在巴西牵牛上，观察巴西牵牛是否显症进行初步判断待检甘薯植株是否感染病毒病。该方法简便易行、成本低，结果观察直接，是甘薯病毒病鉴定的一个重要手段。该方法的缺点是巴西牵牛的症状表现易受温度等环境条件影响。

血清学检测法是检测甘薯病毒最常用和有效的方法之一。其中，酶联免疫吸附方法（ELISA）是最常使用的血清学检测方法。ELISA方法简单、灵敏度高、特异性强，并且适合大量样品的检测。

分子生物学检测法是通过检测病毒核酸来证实病毒是否存在。检测甘薯病毒最常见的分子生物学方法是聚合酶链式反应（PCR）。与ELISA方法相比，PCR方法的优点是灵敏度更高、检测更快速，缺点是需要PCR仪等仪器设备。

（二）甘薯病毒病的田间识别技术

甘薯病毒病的有效识别对于病毒病防控很重要。根据甘薯是否表现病毒病的典型症状，初步判断甘薯是否感染病毒病。一般情况下，甘薯上的病毒病与真菌性病害和细菌性病害症状区别较为明显。有时，病毒病与一些生理性病害症状相似，但后者在田间多为片群发生而没有发病中心，而前者多数情况下有发病中心。当然，甘薯是否感染病毒病还需要其他检测方法来进一步证实。甘薯病毒病的典型症状主要包括以下类型。

1. 叶片斑点型 叶片感病初期有明脉症状，也可出现褪绿半透明斑，之后周围变成紫褐色，形成紫斑、紫环斑、黄色斑或枯斑。多数品种沿叶脉形成典型的紫色羽状斑，少数品种始终只形成褪绿透明斑点（图23）。

图23 叶片斑点型

2. 花叶型 苗期感病后，初期叶脉呈网状透明，后沿叶脉出现不规则黄绿相间的花叶斑纹（图24）。

3. 卷叶型 叶片边缘上卷，严重者可形成杯状（图25）。

4. 叶片皱缩型 病叶较小，皱缩，叶缘不整齐，甚至扭曲，有与中脉平行的褪绿半透明斑（图26）。

图24 花叶型　　　　　图25 卷叶型

5.**叶片黄化型**　包括叶片黄化及网状黄脉（图27）。

图26　叶片皱缩型　　　　　　　图27　叶片黄化型

6.**植株矮化型**　感病后，植株生长受到抑制，株高较正常植株显著降低。在多数情况下，植株矮化与叶片皱缩、卷叶、花叶等症状混合发生（图28）。

图28　植株矮化型

三、甘薯病毒病的主要防控措施

甘薯病毒病的发生和流行与种薯种苗带毒量、蚜虫和粉虱等传毒介体昆虫发生量以及品种抗病性等因素密切相关。因此，甘薯病毒病的防治应采取以种植脱毒品种、留种田检疫和苗床期剔除病苗为主要内容的综合防控措施。

（一）种植脱毒品种

种植脱毒甘薯是防治甘薯病毒病最有效的途径。加强脱毒种薯繁育体系和繁育基地建设，严把种薯质量关。建立无病留种田，推广种植脱毒甘薯，并采取隔离措施，防止病毒再感染。

（二）加强检疫措施

种薯种苗调运是远距离传播甘薯病毒病的主要途径，加强产地检疫，减少跨区远距离调运种薯种苗，可有效减少病毒病的远距离传播。加强留种田病害的检测和识别，发现病株及时拔除并销毁，将留种田转为商品薯。

（三）加强病害的早期调查

加强苗床期病害的识别、调查和检测，发现疑似病株及时拔除，可有效减少大田病毒病的发病率和损失。

（四）介体昆虫防治

加强对甘薯田间介体昆虫的防治，特别是对留种田和苗期烟粉虱、蚜虫等介体昆虫的防治，可有效减少病毒病的发生和扩散蔓延。可在当地农业技术人员指导下适当考虑使用吡虫啉、啶虫脒或阿维菌素等药剂进行喷雾。药剂交替使用，可防止昆虫产生抗药性。

（秦艳红　乔奇　王永江　等）

主要参考文献

乔奇,张振臣,张德胜,等,2012.中国甘薯病毒种类的血清学和分子检测[J].植物病理学报(42): 10-16.

张鸿兴,解红娥,武宗信,等,2020.甘薯绿色高产高效技术研究[J].山西农经(2):86-90.

张振臣,马淮琴,张桂兰,2000.甘薯病毒病研究进展[J].河南农业科学,9:19-22.

张振臣,乔奇,秦艳红,等,2012.我国发现由甘薯褪绿矮化病毒和甘薯羽状斑驳病毒协生共侵染引起的甘薯病毒病害[J].植物病理学报(42):328-333.

中国农业科学院植物保护研究所,中国植物保护学会,2015.中国农作物病虫害[M].3版.北京:中国农业出版社.

Clark C A, Davis J A, Abad J A, et al., 2012. Sweetpotato viruses: 15 years of progress on understanding and managing complex diseases [J]. Plant Disease (96): 168-185.

Qin Y, Zhang Z, Qiao Q, et al., 2013. Molecular variability of *Sweet potato chlorotic stunt virus* (SPCSV) and five potyviruses infecting sweet potato in China [J]. Archive of Virology (158): 491-495.

第六章

甘薯地下部害虫

甘薯害虫是影响甘薯正常生长的重要因素，其中危害甘薯的地下部害虫种类主要包括蛴螬、甘薯蚁象、金针虫、小地老虎以及甘薯叶甲等。蛴螬和金针虫属常发性害虫，分布广、危害重。甘薯蚁象属南方薯区重要害虫，在旱田严重发生，但在北方薯区自然环境下无法越冬。小地老虎属偶发性害虫，分布广，食性杂，对甘薯的危害相对较轻。

一、蛴螬

蛴螬为鞘翅目（Coleoptera）金龟总科（Scarabaeoidea）幼虫的统称，成虫通称为金龟子，在全国各地广泛分布，危害多种作物，尤其对甘薯等根茎类作物危害最重（图29）。北方薯区的主要种类有华北大黑鳃金龟（*Holotrichia oblita*）、铜绿丽金龟（*Anomala corpulenta*）和暗黑鳃金龟（*H. parallela*）等（图30至图32），南方薯区主要种类有大绿异丽金龟（*A. virens*）等。

图29　蛴螬危害状

图30　华北大黑鳃金龟成虫

图31　铜绿丽金龟成虫　　　图32　暗黑鳃金龟成虫

（一）形态特征与危害症状

1.形态特征　成虫体近椭圆形，略扁，前翅鞘翅高度角质化，坚硬。大黑鳃金龟成虫体长16～22毫米，黑色或黑褐色，具光泽。暗黑鳃金龟成虫体长17～22毫米，体宽9.0～11.5毫米，黑色或黑褐色，无光泽。铜绿丽金龟成虫19～21毫米，具金属光泽，背面铜绿色。幼虫肥大，体壁柔软多皱，体表疏生细毛，多为黄褐色。幼虫腹部末节圆形，向腹面弯曲，虫体呈C形。华北大黑鳃金龟幼虫前顶毛每侧3根。暗黑鳃金龟幼虫前顶毛每侧1根。鳃金龟幼虫肛门孔呈三射裂缝状。铜绿丽金龟幼虫前顶毛每侧6～8根，肛门孔呈横裂状。

2.危害症状　成虫危害植株地上部叶片，造成叶片缺痕。幼虫危害地下茎部，严重危害时造成幼苗折断，幼虫啃食薯块可造成孔洞状疤痕，虫眼较深，边缘较为规则。

（二）发生规律

不同地区金龟子的优势种群不同，一般同一地区多种混合发生。成虫昼伏夜出，日落后开始出土、取食、交配，在土壤中产卵，成虫具有假死性。幼虫生活于土壤中，食性杂，取食甘薯和其他植物的根。幼虫有3个龄期，三龄幼虫食量最大，常造成严重损失。

以华北地区为例，华北大黑鳃金龟两年发生1代，成虫初见期为4月中旬，高峰期为5月中旬，一龄幼虫盛期为6月下旬。暗黑鳃金龟一年发生1代，成虫初见期为6月中旬，第一高峰为6月下旬至7月上旬，第二高峰为8月中旬；一龄幼虫盛期为7月中下旬。铜绿丽金龟一年发生1代，成虫发生集中，高峰期为6月中下旬，一龄幼虫盛期为7月中旬。

蛴螬的发生与危害受到多种环境因素影响，包括植被、气候条件、耕作制度以及土壤特征等。

1. 植被 杂草丛生的非耕地有机质丰富，受耕作影响较少，有利于蛴螬的栖息，因此非耕地蛴螬的虫口密度要高于精耕细作地块。

2. 土壤特征 土壤温度是影响蛴螬垂直分布的重要因子，蛴螬喜欢中等偏低的环境温度，在寒冷冬季，蛴螬均具有下移的习性。湿度不仅影响蛴螬的活动，甚至影响蛴螬的存活，多数蛴螬活动适宜的土壤含水量为10%～20%，如大黑鳃金龟生长发育适宜的土壤含水量为18%，铜绿丽金龟生长发育适宜的土壤含水量为15%～18%。蛴螬在有机质丰富的土壤中发生较重；暗黑鳃金龟和大黑鳃金龟在黏土中发生较重，在沙土中相对发生较轻。

3. 气候条件 气候条件主要通过温度、降雨影响成虫的生长发育及出土。如大黑鳃金龟成虫出土的适宜日平均气温是13～18℃，若日平均温度低于12℃，基本不出土或很少出土，风雨过后天气转暖时常出现成虫出土高峰。

4. 耕作制度 水旱轮作可显著减少蛴螬的虫口密度；前茬为花生田，蛴螬发生较重；田间间作或套作少量蓖麻，可毒杀多种金龟子，减轻蛴螬的危害。

（三）综合防治技术

1. 农业措施 清除田间、田埂以及地边等地块的杂草，以减少幼虫、成虫的生存繁殖场所，破坏它们的生存条件。在秋季或初冬深翻土壤，破坏越冬幼虫及其生存环境，减少害虫越冬基数。水旱轮作或尽量避免与大豆和花生轮作，有利于减轻蛴螬的危害。

2. **物理防治**　充分利用金龟子的趋光性，每30～50亩设置频振式杀虫灯一盏，或每30亩设置黑光灯一盏，可有效诱杀成虫。

3. **生物防治**　绿僵菌的孢子萌发可穿透蛴螬体壁，利用害虫体内的营养物质进行生长发育，最终导致害虫死亡，在当地农业技术人员指导下可适当使用绿僵菌颗粒剂对蛴螬进行防控。

4. **化学防治**　在当地农业技术人员指导下可适当使用以下防治技术：在栽秧时沟施或穴施丁硫·克百威、辛硫磷颗粒剂控制蛴螬的发生与危害；在金龟子出土盛期，于傍晚喷施高效氯氟氰菊酯防治大黑鳃金龟、暗黑鳃金龟和铜绿丽金龟成虫。

二、甘薯蚁象

甘薯蚁象（*Cylas formicarius*）属鞘翅目（Coleoptera）锥象科（Brentidae），又称甘薯小象甲，主要分布于热带、亚热带地区，并逐步向温带地区扩展蔓延。在我国主要分布于台湾、福建、海南、广东、广西、湖北、重庆等省份。

（一）形态特征与危害症状

1. **形态特征**　成虫形似蚂蚁，雄虫体长5.0～7.7毫米，雌虫体长4.8～7.9毫米。初羽化时呈乳白色，后变褐色，最后为蓝黑色。全身除触角末节、前胸和足呈橘红色或红褐色外，其余均为蓝黑色，具金属光泽。头部向前延伸如象鼻。幼虫近长筒形，两端小，背面隆起稍向腹侧弯曲。头部淡褐色，胸腹部乳白色，体表疏生白色细毛。足退化，成熟幼虫体长7～8毫米

（图33至图36）。

图33　甘薯蚁象成虫

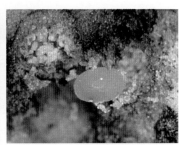
图34　甘薯蚁象卵

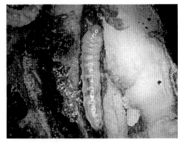
图35　甘薯蚁象幼虫

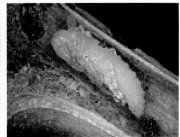
图36　甘薯蚁象蛹

2.危害症状　成虫啃食甘薯的嫩芽梢、茎蔓与叶柄的皮层，被啃食过的茎蔓呈现白色规则斑点，薯块表面呈现许多小孔，严重影响甘薯质量。幼虫钻蛀匿居于块根或薯蔓内进行取食危害，形成蛀道，蛀道内充满虫粪，可助长病原菌侵染造成薯块变黑发臭，不能食用（图37、图38）。

（二）发生规律

甘薯蚁象在重庆、湖北等分布区域，主要以成虫在薯窖内或以幼虫、蛹和卵在窖藏薯块中越冬，在自然环境中蚁象死亡率较高。在广东、福建等温暖地区，甘薯蚁象除以幼虫及蛹等虫态在薯块中越冬外，也可以成虫在田间杂草、石隙、土缝以

图37　甘薯蚁象危害薯块　　　图38　甘薯蚁象危害主茎

及枯叶残蔓下度过不利的环境条件。在海南等地，冬季仍可见成虫产卵繁殖，无明显越冬迹象。

成虫羽化7天后开始交配，卵主要产于块根和主茎基部。每雌虫产卵50～100粒，最多可产150～250粒。雌虫飞翔能力较差，多进行短距离飞行或爬行，但雄虫飞行能力较强。成虫多于清晨或黄昏活动，白天栖息于茎叶茂密处或土缝和残叶下，具假死性。幼虫孵化后即向块根和主茎基部内蛀食，造成弯曲隧道，整个幼虫期均生活其中，蛀道内充满虫粪。

影响甘薯蚁象发生的环境条件多种多样，其中以虫源基数、气候、耕作制度和栽培技术等因素的影响最大。

1.**虫源基数**　甘薯蚁象的发生程度与虫源基数的大小密切相关。甘薯蚁象的迁飞能力有限，其扩散的速度较慢，甘薯蚁象在某地的发生程度主要与当地越冬虫源数量有关。

2.**气候**　干旱炎热是甘薯蚁象大发生的主导因素。一方面干旱可造成地表龟裂，薯块外露，有利于成虫产卵；另一方面高温干旱不利于甘薯蚁象寄生菌的流行与侵染，但暴雨会导致成虫的存活力下降。

3.**耕作制度**　耕作制度通过影响田间害虫的种群数量影响害虫的危害程度。连作地块特别是上茬发生严重的甘薯地，蚁象发生严重；轮作地发生轻，水旱轮作可有效控制甘薯蚁象的发生与危害。

4．栽培技术

（1）栽插期与收获期。早栽晚收，甘薯生长期延长，害虫的危害期延长，因此甘薯受害较重。此外，在甘薯生长后期，随着薯块膨大，增大了薯块外露的面积，进而加重了甘薯蚁象的危害，适时早收可减少蚁象的危害。

（2）品种。甘薯蚁象对不同甘薯品种具有不同的取食偏好。此外，不同品种的结薯习性和组织结构对甘薯蚁象的危害也具有一定影响。如薯块着生部位较深、质地较硬等的品种，抗虫性好。薯蒂短、薯块着生部位浅而集中，质地松软的品种，抗虫性差。

（3）田间管理。通过培土或灌溉，可减少在薯块膨大过程中造成的薯块外露数量与面积，进而降低甘薯蚁象的危害。土层浅薄或黏重的红黄壤土极易失水，导致畦面龟裂，薯块外露，会加重甘薯蚁象的发生危害。在甘薯生长期间，松土培土，并进行浇水灌溉，可大大减轻蚁象危害。

5．地形与地势　地势较低或向阳山坡的薯地受害重。因其冬季较暖和，越冬虫口多，死亡率低，翌年虫源多，发生危害重；反之危害较轻。

（三）综合防治技术

防治甘薯蚁象，首先要加强植物检疫，防止蚁象传播蔓延，并根据其发生规律，以控制早春虫源为主，结合性诱剂诱捕、农业防治、化学防治，进行综合防治，以控制此虫的危害。

1．植物检疫　甘薯蚁象的迁飞能力有限，种薯与薯苗是其远距离传播的主要途径，禁止从疫区调运种薯与薯苗是防止此虫蔓延的重要措施。

2．农业措施

（1）清洁田园。遗留在田里的受害薯块及薯蔓，是导致翌年蚁象发生的重要原因，因此收获时应及时清理并集中处理，可大大减少虫口基数，减轻对下季的危害。

（2）轮作与间作。甘薯蚁象主要危害旋花科植物，寄主范围较窄，成虫迁移能力不强。因此，因地制宜与花生、玉米、高粱、大豆等作物进行轮作，可抑制甘薯蚁象的发生。在具有水浇条件的地区，实行水旱轮作，效果更为显著。

（3）适时中耕培土。中耕松土，可避免土壤水分散失，防止土壤龟裂，培土还可防止薯块外露。此措施适宜沙性较强的土壤，而对一些含有大量石块且较黏重土壤效果较差。

（4）适时早收。甘薯生长后期是甘薯蚁象严重影响甘薯产量与品质的重要时期，因此，在不影响作物产量的前提下，尽可能提早收获，可大大减少蚁象对甘薯的危害。

3. 化学防治　在当地农业技术人员指导下可考虑使用以下防治技术。

（1）苗床处理。在种薯上均匀撒施二嗪磷颗粒剂，覆土。

（2）秧苗处理。二嗪磷浸秧15分钟，使秧苗充分吸收药剂（浸秧时间不宜过长，以免出现药害）。通过药剂浸秧，不仅可杀死薯秧内部的害虫，对控制甘薯蚁象的前期危害也有一定作用。

（3）穴施内吸性杀虫剂。如对甘薯薯秧不进行秧苗处理，还可考虑在栽秧时土壤施用二嗪磷或吡虫啉。穴施杀虫剂可通过植株吸收药剂对取食茎蔓或薯块的蚁象起到一定防治作用。

（4）生长期间用药。在甘薯蚁象发生初期或薯秧封垄前，将毒土撒施在地表，通过药剂触杀可杀死在地表活动的成虫。将二嗪磷撒施在植株周围，尽量不要把药剂撒在叶片上。

（5）灌根。如遇到干旱季节，还可通过对甘薯灌根施用二嗪磷控制甘薯蚁象，降低蚁象的危害。

4. 性诱剂诱捕　每亩放置2～3个诱芯，间隔15～18米，每2个月换1次诱芯，春冬诱捕时把诱捕器直接埋于土中，诱捕器上口露出地面5厘米；在甘薯生长期将诱捕器上口高出薯蔓平面10厘米，这样便于信息素散发。该方法省工、防效好、无残毒、无污染。但是性诱剂不能直接控制雌成虫及幼虫的危害。如要达到持续控制其危害目的，需在利用性诱剂诱捕的基础上，结合虫情，适时使用化学药剂防治，可从根本上控制甘薯蚁象的危害。

5. **生物防治** 将白僵菌制剂拌细沙制成菌土，均匀撒施于薯田内。日本学者提出，在性诱剂诱捕器的底部留有开口，施入白僵菌粉剂，蚁象雄虫在进入诱捕器后，可与白僵菌接触，并由诱捕器的底部开口逃离诱捕器，蚁象雄虫在接触白僵菌后受到白僵菌的侵染，并在与雌虫交配中将白僵菌传染给雌虫，也可在一定程度上控制甘薯蚁象。

三、金针虫

金针虫是叩头虫的幼虫，属鞘翅目（Coleoptera）叩头虫科（Elateridae），别名铁丝虫、铁条虫等。食性较杂，全国各地均有分布，主要种类包括沟金针虫（*Pleonomus canaliculatus*）和细胸金针虫（*Agriotes fuscicollis*）。

（一）形态特征与危害症状

1. **形态特征** 成虫体长8～9毫米或14～18毫米，因种类而异。体黑色或黑褐色，头部生有1对触角，胸部着生3对细长的足，前胸腹板具1个突起，可纳入中胸腹板的沟穴中。头部能上下活动似叩头状，故俗称叩头虫。幼虫体细长，25～30毫米，金黄色或茶褐色，并有光泽，故名金针虫（图39、图40）。

2. **危害症状** 幼虫生活于土壤中，主要危害甘薯块根，形成圆形、细小而深的针孔状虫眼（图41）。对作物生物量影响较小，主要影响薯块外观而降低其商品价值。

图39　金针虫幼虫　　　　图40　金针虫成虫　　　　图41　金针虫危害状

（二）发生规律

沟金针虫分布于我国各甘薯产区，一般三年完成1代，以成虫或幼虫在地下15～40厘米土壤中越冬，越冬成虫在春季10厘米深处土温升至10℃以上时开始活动，在华北地区3月上旬开始活动，4月上旬为活动盛期，产卵期为4月中旬至6月上旬，主要危害小麦、玉米、甘薯、马铃薯、花生以及杂草根部。

成虫昼伏夜出，白天潜伏在麦田以及杂草中或土块下，傍晚爬出土面进行交配产卵。雄虫出土迅速，性活跃，飞行能力较强，但只进行短距离飞行，对光有趋性。雌虫行动迟缓，不能飞翔，具有假死性。卵散产，产在土下3～7厘米深处，1头雌虫平均产卵200粒左右。幼虫随季节变化而上下移动，具有夏眠习性，7—8月进入夏眠盛期。

细胸金针虫一般两年1代。成虫无趋光性，对新鲜而略萎蔫的杂草有极强的趋性，故可利用此习性进行堆草诱杀。对糖液趋性较强。

金针虫的发生程度主要受虫源基数、气候条件、土质、耕作方式等因素影响。

1. **虫源基数**　金针虫的危害程度与上年越冬数量关系密切，一般上年虫源基数越大，其危害程度越重；虫源基数越低，其危害程度相对较轻。

2. **气候条件**　温度和湿度是影响金针虫发生危害的重要气

候因素，沟金针虫适宜生活在旱地，但对水分有一定要求，其生活适宜的土壤湿度为15%～18%，过干过湿均不利于沟金针虫的发生。春季多雨，土壤墒情较好，其发生较重，但早春湿度过大，其幼虫则向深处迁移。温度通过影响金针虫的上下活动而影响其危害程度。华北地区一般5—6月是危害盛期，7—8月由于土壤温度较高，而潜入土壤深层越夏，9月又会向上迁移形成危害。

3.耕作方式 金针虫主要分布于长期旱作区域，在水旱轮作田一般无金针虫发生。小麦是金针虫的适宜寄主，一般前茬种植小麦的甘薯田受害较重。深翻土壤与精耕细作地块，金针虫发生较少，初开垦农田或荒地以及杂草丛生地块金针虫危害较重。

（三）综合防治技术

1.农业防治 冬季深翻，可直接杀死部分蛹或幼虫，也可把土壤深处的蛹或幼虫翻至地表，使其遭受不良环境或天敌的侵袭，以降低金针虫的虫口密度；及时清除杂草，减少其食物来源，也可有效降低金针虫的虫口数量。此外，在茬口安排上尽量避免小麦或玉米茬等种植甘薯，也可减轻金针虫的危害。

2.物理防治 利用金针虫的趋光性，在田间地头设置杀虫灯，诱杀成虫。试验证明，黑绿单管双光灯对金针虫诱杀效果更为理想。此外，在日本以及欧美等国家和地区广泛应用性信息素诱杀防治金针虫，可获得较好的防控效果。

3.化学防治 在当地农业技术人员指导下可考虑使用以下防治技术：在田间堆放厚8～10厘米略萎蔫的鲜草撒布敌百虫粉，每亩50堆，或用氯氟氰菊酯兑水与适量炒熟的麦麸或豆饼混合制成毒饵，于傍晚顺垄撒入甘薯茎基部，可诱杀该虫。在栽秧时沟施或穴施丁硫·克百威和辛硫磷。

四、小地老虎

小地老虎（*Agrotis ypsilon*）属鳞翅目（Lepidoptera）夜蛾科（Noctuidae），在我国各甘薯产区均有分布。该虫分布广，食性杂，对甘薯的危害相对较轻。

（一）形态特征与危害症状

1. 形态特征　成虫体长17～23毫米、翅展40～54毫米。虫体和翅暗褐色，前翅褐色，具肾形斑、环形斑和剑形斑，各斑均环以黑边。在肾形斑外，内横线里有1个明显尖端向外的楔形黑斑，在亚缘线内侧有2个尖端向内的楔形黑斑，3个楔形斑尖端相对，这是识别地老虎成虫的主要特征。后翅灰白色，纵脉及缘线褐色，腹部背面灰色。幼虫圆筒形，老熟幼虫体长37～47毫米。体色较深，灰褐色至暗褐色，体表粗糙、分布大小不一而彼此分离的颗粒，背线、亚背线及气门线均呈黑褐色；前胸背板暗褐色，黄褐色臀板上具2条明显的深褐色纵带；腹部1～8节背面各节上均有4个毛片，后两个比前两个大1倍以上。

2. 危害症状　主要在甘薯生长前期形成危害，在幼嫩秧苗靠地表处将秧苗咬断（图42）。

图42　小地老虎危害状

（二）发生规律

小地老虎各虫态无滞育现象，高温或低温不利于其生长发育，田间自然种群骤减。其世代数由北向南递增，黄河与海河地区一年发生3～4代，长江以南地区一年发生4代以上，东北地区一年发生1～2代。成虫羽化后出土，昼伏夜出，在夜间进行飞翔、取食、产卵等活动。成虫具有取食补充营养习性，主要吸食蜜源植物的花蜜，如果成虫不能进行取食补充营养，成虫的卵巢发育、抱卵量、产卵量以及卵孵化率均受到严重影响，而且成虫寿命缩短。成虫具有非常强的飞翔能力，具有远距离南北迁飞习性，春季由低纬度向高纬度、低海拔向高海拔迁飞，秋季则沿着相反方向飞回南方。成虫对糖醋液具有明显的趋性，并对短波光源具有很强的趋性。小地老虎幼虫有6个龄期，初孵幼虫具有非常强的耐低温、耐饥饿和寻找食物能力，小地老虎一龄、二龄幼虫具有趋光性，三龄后逆转，四至六龄表现出明显的畏光性。大龄幼虫昼伏土中，在夜间进行取食危害。

以老熟幼虫或蛹在土内越冬。其中，10℃等温线以南地区为其主要越冬区；4~10℃等温线之间地区为其次要越冬区；0~4℃等温线之间的地区为零星越冬区；0℃等温线以北地区为非越冬区。

小地老虎的发生程度与虫口基数或成虫迁入数量、气候因素、种植制度等密切相关。

1. 虫口基数与迁入数量　一般情况下，小地老虎的越冬基数越大或迁入的虫口数量越大，对本地植物的危害越重。冬季气温偏高，春季气温稳定，相对湿度正常，有利于幼虫越冬，翌年成虫发生量较大。

2. 气候因素　温度作为一个主要环境因子，通过影响昆虫的生长发育等生物学特性引起昆虫种群数量的变化，进而影响其发生与危害程度。在16℃低温条件下，小地老虎各虫态生长发育速度缓慢，发育历期长。随着温度升高生长速度加快，发育历期缩短；至31℃时，卵、幼虫和蛹的生长速度开始减缓。随着温度的升高，小地老虎的雌性比例不断下降。在低温和高温下，小地老虎的成虫寿命缩短，产卵量会下降，说明高温和低温对小地老虎的生长极为不利。13~25℃为地老虎最适发育温度。成虫喜欢在土壤湿度较大的地面产卵。凡地势低洼，雨量充沛的地方，发生较多；头年秋雨多、土壤湿度大、杂草丛生有利于成虫产卵和幼虫取食活动，是翌年大发生的预兆；但降水过多，湿度过大，不利于幼虫发育，初龄幼虫淹水后容易死亡；成虫产卵盛期土壤含水量在15%～20%时其危害较重。沙壤土，易透水、排水迅速，适于小地老虎繁殖，而重黏土和沙土则发生较轻；土质与小地老虎发生的关系，实质是土壤湿度不同所致。

3.种植制度 地老虎的发生与农作物种植结构及播种期、耕作制度有关系。前茬为玉米、苜蓿、菜地等地，土壤湿度大，有利成虫产卵，虫害发生重；玉米地和菜地播期晚，一般都在5月上旬以后才播种，正值地老虎成虫高峰期，受害较重。

（三）综合防治技术

1.农业防治 杂草丛生地块是地老虎产卵的主要场所，清除杂草对防治地老虎有一定效果，早春清除农田及周边杂草是防止小地老虎产卵的关键环节。深秋或初冬深耕翻土细耙不仅能直接杀灭部分越冬的蛹或幼虫，也可将蛹或幼虫暴露于地表，降低其存活率，或遭天敌昆虫捕食。此外，在有水利条件的地区，针对地老虎的栖息地结合农事操作，进行灌溉，也可有效降低其虫口密度。

2.物理防治 于小地老虎盛发期，用糖醋液诱杀成虫，按糖3份、醋4份、酒1份、水2份，再加1份菊酯类杀虫剂调匀配成诱液，将诱液放在盆里，傍晚置于田间，位置距地面1米左右。另外，利用成虫的趋光性，在田间安装频振式杀虫灯，每盏灯可控制1公顷的范围。

3.化学防治 在当地农业技术人员指导下可使用以下防治技术：针对不同龄期的幼虫，应采用不同的施药方法。幼虫三龄前用喷雾、喷粉或撒毒土进行防治；三龄后，田间出现断苗，可用毒饵或毒草诱杀。

（1）喷雾。喷施氯虫苯甲酰胺、辛硫磷或氯氰菊酯。

（2）毒土或毒砂。可选用溴氰菊酯或辛硫磷加水适量，喷拌细土50千克配成毒土，顺垄撒施于秧苗根标附近。

（3）毒饵或毒草。一般虫龄较大可采用毒饵诱杀。可选用敌百虫或辛硫磷，加水2.5～5.0升，喷在50千克碾碎炒香的豆饼或麦麸上，于傍晚在受害作物田间每隔一定距离撒一小堆。毒草可用敌百虫拌砸碎的鲜草。

五、甘薯叶甲

甘薯叶甲（*Colasposoma dauricum*）别称甘薯金花虫、甘薯猿叶虫等，属鞘翅目（Coleoptera）叶甲科（Chrysomelidae）。在我国各甘薯产区均有分布，但在我国南方薯区与长江中下游薯区危害较重，在北方薯区危害相对较轻。除危害甘薯外，还可危害蕹菜、牵牛花、小旋花等旋花科植物。

（一）形态特征与危害症状

1.**形态特征**　成虫雌虫体长5.8～6.3毫米，雄虫4.4～5.7毫米，短椭圆形。体色多变化，常见的有翠绿色、蓝绿色、纯蓝色、青铜色、古铜色等，均具强金属光泽。触角黄褐色，线状，末端节略膨大。前胸背板隆起，侧缘弧形。小盾片长宽略等长，近方形，鞘翅肩部略突出。头、前胸及鞘翅上均满布刻点，但鞘翅上的刻点明显疏而大。幼虫体长9～10毫米，浅黄色。头淡褐色，除第　体节外，各节均有横皱纹，并披有疏的黄色细毛，体略弯曲（图43至图45）。

图43　甘薯叶甲成虫

图44　甘薯叶甲幼虫　　　　图45　甘薯叶甲卵

2.危害症状　成虫主要纵向啃食植株地上部叶柄、叶脉或茎，造成叶柄坏死，叶片萎蔫枯死。幼虫生活在土壤中，啃食薯块表面，使薯块表面形成较浅的伤疤，疤痕不规则（图46、图47）。

图46　甘薯叶甲幼虫危害薯块　　图47　甘薯叶甲成虫危害薯秧

（二）发生规律

甘薯叶甲一年发生1代，多以老熟幼虫在土下15～25厘米处作土室越冬；也有以成虫在岩缝、石隙及枯枝落叶中越冬。越冬幼虫于5—6月化蛹，成虫羽化后要在化蛹的土室内生活数天才出土。停留的时间，因土壤湿度、结构的不同而异。如土质疏松且较湿润，羽化后4～7天即出土。反之，土壤板结干燥，羽化后的成虫不易钻出土面，因而延长出土时间。成虫出土后即寻觅寄主植物，前期出土者以小旋花、旋花等杂草和苗床上的薯苗为食；出土盛期，早栽薯苗已开始复活，成虫即取食甘薯嫩尖、叶片、叶柄、叶脉，尤其嗜食嫩尖。成虫耐饥力强，飞翔力差，有假死性。清晨露水未干时多在根际附近土隙中，露水干后至10：00和16：00—18：00活动最活跃，中午阳光强时则隐藏在根际土缝或枝叶下。

成虫出土后2～3天开始交配，一周后产卵，每一雌虫平均产卵208粒，最少48粒，最多571粒，一天最高产卵量75粒。卵产在薯苗根际、萎蔫的薯藤、枯黄的叶片、叶柄、残留的麦茬里。初孵幼虫一般很快就近潜入土中觅食。一至二龄幼虫取食须根及薯块表皮，受害薯块呈麻点状。三龄以后食量渐大，主要在薯块表皮串食，当土温下降到20℃以下，大多数幼虫进入越冬状态。幼虫期约200天，蛹期10～15天，卵历期6～12天，平均9天。成虫寿命甚长，雌虫最长可达116天，最短16天，平均54天；雄虫最长85天，最短19天，平均48天。

影响甘薯叶甲发生与危害程度的因素主要包括越冬基数、气候因素、土壤质地以及品种等。幼虫越冬基数大，翌年早春不出现倒春寒，此虫将发生多，危害重。春季气温高，土温回升早，降水量偏少的年份，利于越冬幼虫化蛹和蛹的发育，使成虫盛发期提早，危害重。6—7月雨量正常，土壤经常保持湿润，有利于成虫出土和产卵，以及幼虫入土，因此，当年甘薯叶甲发生多，危害重；反之发生少，危害轻。沙土土质疏松幼虫易入土，危害重；黄土土壤容易板结，幼虫入土难，则危害轻。同一类型土壤，山谷低地湿度大的地块虫口多，危害重；反之发生少，危害轻。薯块质地坚硬、淀粉多的品种，虫口密度低，危害轻；薯块质地疏松、水分多的品种，虫口密度大，危害重。

（三）综合防治技术

1. 农业防治 水旱轮作可有效降低甘薯叶甲的虫口数量，

进而减轻甘薯叶甲的危害。

2.捕杀成虫 利用该虫假死性,于早上或晚上在叶上栖息时,将其振落到塑料袋内,集中消灭。

3.撒施毒土 在当地农业技术人员指导下可考虑在甘薯栽秧时或移栽后施用夹边肥时,施用辛硫磷。

4.药剂喷杀 在当地农业技术人员指导下可考虑于成虫盛发期,用甲氨基阿维菌素苯甲酸盐喷雾防治。

（陈书龙　王容燕　马娟　等）

主要参考文献

高西宾,1989.甘薯叶甲指名亚种生物学特性及防治方法[J].昆虫知识(4):210-212.

李云端,2006.农业昆虫学[M].北京:高等教育出版社.

于海滨,郑琴,陈书龙,2010.甘薯小象甲的生物学特征与综合防治措施[J].河北农业科学(14):32-35.

张东霞,吴旭洲,2008.2008年山西省小地老虎暴发原因分析及防治技术探讨[J].山西农业科学(36):106-108.

中国农业科学院植物保护研究所,中国植物保护学会,2015.中国农作物病虫害[M].3版.北京:中国农业出版社.

Sutherland J A, 1986. A review of the biology and control of the sweetpotato weevil *Cylas formicarius* (Fab)[J]. International Journal of Pest Management (32): 304-315.

第七章

甘薯地上部害虫

危害甘薯地上部害虫种类主要包括麦蛾、斜纹夜蛾、烟粉虱、红蜘蛛、甘薯茎螟和甘薯天蛾等。其中，麦蛾和烟粉虱分布广，在全国各地均属常发害虫。由于甘薯自我补偿能力强，麦蛾和烟粉虱直接危害对甘薯造成的损失较小，但烟粉虱可传播多种病毒，其传播病毒造成的经济损失远远大于其直接危害造成的经济损失。斜纹夜蛾和甘薯天蛾属偶发性害虫，严重发生年份可将整个甘薯植株吃成光秆，严重影响甘薯产量。红蜘蛛主要发生于北方薯区，干旱年份对甘薯前期生长影响较大。甘薯茎螟主要发生于南方薯区，严重发生时造成甘薯茎基部肿胀易折断，对产量影响较大。

一、甘薯麦蛾

甘薯麦蛾（*Brachmia macroscopa*）又称甘薯小蛾、甘薯卷叶蛾，属鳞翅目（Lepidoptera）麦蛾科（Gelechiidae）。在我国各地均有发生，南方各省份发生较重。甘薯麦蛾除了危害甘薯外，尚能危害蕹菜、月光花和牵牛花等旋花科植物。

（一）形态特征与危害症状

1. 形态特征　成虫体灰褐色，体长 4～8 毫米，头腹部深褐色，触角细长，丝状；前翅狭长，深褐色，近中室中部和端部各有 1 条淡黄色眼状斑纹，前小后大，斑纹外部灰白色，内部深褐色且中间有1个深褐色小点，翅外缘有5~7个成排的小黑点（图48）。幼虫共有6个龄期，体细长，末龄幼虫长1.5厘米，头稍扁，黑褐色，中胸至第2腹节背面黑色，第3腹节以后各节底色为乳白色，亚背线黑色（图49）。

图48 甘薯麦蛾成虫

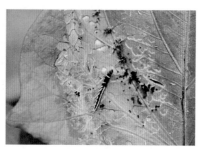
图49 甘薯麦蛾幼虫

2. 危害症状 一龄幼虫在嫩叶背面啃食叶肉，仅留表皮，叶片不卷曲，幼虫具吐丝下坠习性。二龄幼虫开始吐丝作小部分卷叶，并食息其中，三龄后幼虫食量增大，卷叶亦扩大，一叶食尽后又转移其他叶片，并排泄粪便于卷叶内。幼虫遇到惊扰即跳跃逃逸或吐丝下垂，或以迅速倒退躲避等方式逃逸。幼虫密度大时，大量叶肉被啃食仅留下灰褐色表皮，远观呈火烧状团块（图50、图51）。

图50 甘薯麦蛾的危害状

图51 严重受害的甘薯田

（二）发生规律

甘薯麦蛾在不同地区发生世代数量不同。在河北、北京一年发生3～4代，在浙江、湖北一年发生4～5代，在江西一年发生5～7代，在福建一年发生8～9代，世代重叠。在河北和北京等地以蛹在残株落叶下越冬，在湖南、江西、福建等地则以成虫在甘薯枯落叶下、杂草丛中以及屋内阴暗之处越冬。广东以老熟幼虫在冬薯或田边杂草丛中越冬。

成虫具有很强的趋光性。白昼静伏于靠近地面的叶片上及茎叶茂密处、杂草及田边灌木丛中。每受惊动，即短距离飞翔。羽化后即寻找花蜜补充营养，然后交配产卵。卵分多次产下，大多数产在嫩叶背面，少数产于新芽及茎上。在15～30℃，温度越高，其各虫态的发育时间越短。在常温下，雌虫寿命14～19天，雄虫寿命12～16天。

影响甘薯麦蛾发生的环境条件多种多样，主要包括虫口基数、气候因素以及天敌数量等。

1. 虫源基数 甘薯麦蛾的发生程度与上年虫源基数密切相关。上年发生越严重，越冬虫蛹数量越大，翌年发生的数量也就越大。冬季气温偏低的年份不利于虫蛹存活，从而可大大减轻翌年甘薯麦蛾的发生程度。

2. 气候因素 高温中湿有利于甘薯麦蛾的发生，特别是雨后干燥最有利于其发生危害。一般每年7—9月是其危害猖獗时期。

3. 天敌数量 甘薯麦蛾的发生程度与当年田间的天敌数量相关。捕食甘薯麦蛾幼虫的天敌是双斑青步甲（小黄斑青步甲），在薯田中数量较多，适应性强，捕食量大，对甘薯麦蛾早期发生有明显的控制作用；寄生甘薯麦蛾幼虫的天敌有长距茧蜂、绒茧蜂及狭姬小蜂，其中狭姬小蜂是甘薯麦蛾幼虫期的重要寄生蜂；甘薯麦蛾蛹期的寄生性天敌有厚唇姬蜂和无脊大腿小蜂；甘薯麦蛾卵的寄生天敌有两种赤眼蜂，在南方薯区7—11月其寄生率均在10%左右。

（三）综合防治技术

为控制甘薯麦蛾的危害，应加强田园的管理，改善甘薯的生长条件，多施磷钾肥，以增强抗虫性；消灭越冬虫源；在明确其发生规律的基础上，重点防治越冬代；以化学防治为应急措施，全面实施综合防治。

1. **清洁田园** 甘薯收获后，及时清洁田园，处理残株落叶，铲除杂草，以消灭越冬蛹。

2. **捏杀幼虫** 当薯田初见幼虫卷叶危害时，及时检查，捏杀新卷叶中的幼虫。

3. **诱杀** 利用频振式杀虫灯在甘薯麦蛾发生高峰期进行诱杀，能很好地控制下一代的发生数量。利用性信息素引诱成虫，可使虫口下降率达82.9%～84.7%。甘薯麦蛾释放性信息素的高峰期是在羽化后的1～3天，尤以第二天最强，因此要在成虫高峰期发生前做好诱捕准备。放置诱捕器的高度比甘薯叶部略高即可。

4. **药剂防治** 在一至二龄幼虫大量发生导致严重危害时，立即采取应急措施，因为此时幼虫抗药性低，随着龄期的增大，抗药性会逐步增强。在当地农业技术人员指导下可使用以下防治技术：选用低毒高效的药剂，如阿维·高氯氟、阿维菌素、高效氯氟氰菊酯或氟啶脲在晴朗无风的下午进行喷雾防治，5～7天喷1次，连续喷3次。但需注意交替使用农药以及安全间隔期，避免使甘薯麦蛾产生抗药性以及造成农药残留。

二、斜纹夜蛾

斜纹夜蛾（*Spodoptera litura*）属鳞翅目（Lepidoptera）夜蛾科（Noctuidae），俗称乌头虫、麻条子虫、五花虫、夜盗蛾和莲纹夜蛾，具有分布范围广、食性杂、产卵量大、繁殖速度快、易暴发等特点，在我国各甘薯产区均可造成不同程度的危害。

（一）形态特征与危害症状

1.**形态特征** 成虫体长14～27毫米，翅面有较复杂的褐色斑纹，翅面上有1个明显的环状纹和肾状纹，在两纹之间，从内横线前端至外横线后端有3条灰白色斜纹，成虫静止时两前翅的斜纹呈脊形（图52）。幼虫共分6个龄期，体色多变，通常为浅褐色至黑棕色，体线明显，背线、亚背线及气门下线均呈黄色至黄褐色，从中胸至第9腹节，沿亚背线上缘每腹节两侧各有1对三角形黑斑，其中腹部第1、7、8腹节斑纹最大，近似菱形。末龄幼虫行动缓慢，活动力较差，胸足近似黑色，腹足多为黑褐色（图53）。

图52 斜纹夜蛾成虫

图53 斜纹夜蛾幼虫

2.**危害症状** 幼虫具有假死性和避光习性，白天多潜伏在地表面和土缝中，傍晚至凌晨爬到植株上取食危害。初孵化的一至二龄小幼虫集聚在叶片背部，取食叶肉，使叶片呈网窗状，仅留下叶片表皮和叶脉。从三龄开始，斜纹夜蛾幼虫开始分散取食危害，造成受害植株叶片缺刻。四龄后进入暴食期，取食危害整片叶片，发生严重时可将植株叶片全部吃光，仅留残秆，并具有转株危害的习性，造成毁灭性危害（图54）。

图54　斜纹夜蛾的危害状

（二）发生规律

斜纹夜蛾成虫多在下午羽化后藏匿于植株茂密处、杂草丛中及土缝内，傍晚外出活动、交配，其中以20：00至24：00活动最盛，翌日晚产卵；成虫飞翔力强，具趋光性，喜食糖醋和发酵物，寿命一般为5～7天，冬季可达12天。卵产成块，多在叶背的叶脉交叉处，每只雌蛾可产卵3～5块，每块200～300粒，多的可达1 000粒（图55）；斜纹夜蛾各个阶段的发育历期随温度升高而缩短，在16～33℃，卵的发育历期由11天降至2.3天。初孵化的幼虫有吐丝随风飘荡的习性；三龄前群聚在寄主叶背取食叶肉，只剩上表皮和叶脉，使叶片变成枯黄白色、半透明的薄膜，如筛网状；三龄

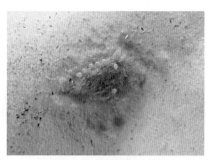

图55　斜纹夜蛾的卵块

后分散取食叶肉，白天躲在心叶中或寄主附近的土块下，傍晚至翌日早晨日出前或阴雨天，爬到叶上取食；四至六龄，食量增大，叶片被咬成缺刻，甚至吃光，田间虫口密度大时，会造成毁灭性灾害；幼虫畏光，大龄虫有假死性，当食料不足时还有群迁性及扩散危害的特性。幼虫期在16～33℃发育历期由47天降至13天，老熟幼虫即在受害作物之地内入土约30毫米做一椭圆形土室化蛹，在25～30℃蛹期一般为8～12

天。在20℃、27℃和30℃下的平均世代周期分别为53天、31天和27天。

斜纹夜蛾是一种远距离迁飞性害虫，其生长发育主要受外界气候影响，因此在不同地区、不同年份、不同季节对斜纹夜蛾的发生均有较大影响。在我国东北、华北、黄河流域一年发生4～5代，在长江流域一年发生5～6代，在华东、华中一年发生5～7代，在华南一年发生7～8代，在西南一年发生8～9代，在广东、广西、台湾地区可终年繁殖，无越冬现象。如在福建一年可发生7代，世代重叠并且没有明显的越冬现象。而在长江流域，斜纹夜蛾的老熟幼虫于10月下旬以后，在植物茎秆内或直接钻入土中做土室化蛹越冬，有明显的越冬现象。翌年5月开始羽化，7—8月开始在田间大发生。斜纹夜蛾只能在特定的温度范围内发育，并且温度对斜纹夜蛾的生长发育历期、存活及繁殖都有显著的影响。

（三）综合防治技术

斜纹夜蛾的具体防治方法仍然是坚持预防为主，多种防治方法相结合的综合防治。

1. **农业防治**　秋季深翻能有效破坏害虫的越冬场所，降低虫口基数；地埂、地头、地沟、荒地杂草是斜纹夜蛾的虫源地，也是早期产卵、栖息的场所，铲除这些杂草，是前期防治的关键。

2. **物理防治**

（1）灯光诱杀。利用斜纹夜蛾成虫的趋光性，在田间设置频振式杀虫灯或黑光灯诱杀成虫。

（2）糖酒醋液和性诱剂诱杀。可把糖6份、醋3份、白酒1份、水10份、90%敌百虫晶体1份，调匀后装在离地0.6～1.0米的盆或罐中，放在田间，这样可诱杀大量斜纹夜蛾成虫。还可以在田间悬挂斜纹夜蛾性诱剂诱捕器，诱杀害虫。

3. **化学防治**　药剂防治应该坚持"防早治小"的策略。可以利用害虫三龄前具有群聚性这一习性，最好在三龄前，晴天的傍晚防治。在当地农业技术人员指导下可考虑使用虫螨腈、氯虫苯甲酰胺、甲氨基阿维菌素苯甲酸盐、氟啶脲或阿维菌素等药剂进行喷雾防治。

三、烟粉虱

烟粉虱（*Bemisia tabaci*）又称棉粉虱、甘薯粉虱，属半翅目（Hemiptera）粉虱科（Aleyrodidae），是一种世界性的害虫。在我国各地均有分布，寄主范围广泛。除危害甘薯外，还可危害番茄、黄瓜、辣椒以及多种大田作物，主要通过刺吸植物汁液、分泌蜜露诱发煤污病和传播病毒等途径危害植物，对甘薯的危害主要是传播一些病毒病害。

（一）形态特征与危害症状

1. **形态特征**　烟粉虱雌虫体长0.91毫米，翅展2.13毫米；雄虫体长0.85毫米，翅展1.81毫米。体淡黄白色至白色，复眼红色，肾形，单眼2个。翅白色无斑点，被有蜡粉。前翅有2条翅脉，第1条脉不分叉，停息时左右翅合拢呈屋脊状（图56）。卵椭圆形，有小柄，与叶面垂直，卵柄通过产卵器插入叶内。卵初产时呈淡黄绿色，孵化前颜色加深，呈琥珀色至深褐色，但不变黑。卵散产，在叶背分布不规则。幼虫共3个龄期，椭圆形（图57）。一龄幼虫体长约0.2毫米，淡绿色至黄色，有触角和足，能爬行，一旦成功取食合适寄主的汁液，就固定下来直到成虫羽化。二龄与三龄幼虫体长分别为0.36毫米和0.50毫米，足和触角退化仅存1节，体缘分泌蜡质，固着危害。

2. **危害症状**　烟粉虱直接危害一般不造成特异性症状。烟粉虱刺吸植物汁液，可导致植株衰弱，若虫和成虫可分泌蜜露，诱发煤污病的产生，影响甘薯光合作用。另外，烟粉虱还可传播多种病毒，造成病毒病害（图58）。

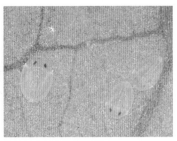

图56　烟粉虱成虫　　　　　图57　烟粉虱若虫

图58　烟粉虱危害甘薯叶片

（二）发生规律

烟粉虱一年发生11～15代，世代重叠，在华南地区一年发生15代。在温暖地区，一般在杂草上或花卉上越冬；在寒冷地区，多在温室内作物上和杂草上越冬，春季迁移到大田作物上进行危害。

成虫喜在叶片背面产卵，不规则散产，每头雌虫可产卵30～300粒。烟粉虱雌雄成虫往往成对在叶背面取食，多在植株的中、上部叶片产卵。一龄若虫有足和触角，一般在叶片爬行几厘米寻找合适的取食点，在叶背部将口针插入韧皮部取食汁液，从二龄起，足及触角退化，营固着生活。成虫具有趋光性与趋嫩性，中午高温较为活跃，早晨与晚上活动较少，主动飞行范围较小，可借助风和气流进行长距离迁移。

气候条件是影响烟粉虱发生的重要因素，其中温度是影响烟粉虱分布与扩散的重要因素，烟粉虱适宜的发育温度为 $25 \sim 30℃$，温度过高或过低均不利于其生长发育。短时高温热激可影响烟粉虱生殖，造成产卵量降低，寿命缩短，降低烟粉虱的发育适合度；低温则可降低烟粉虱的存活量及产卵量。

湿度是影响烟粉虱成虫寿命与产卵力的因素之一。烟粉虱成虫寿命在相对湿度50%的情况下为24.6天，而在90%、70%和30%的相对湿度下分别缩短了5.5天、5.0天和10天，相对湿度较大的环境有利于烟粉虱产卵，30%～70%的相对湿度是烟粉虱发育的适宜湿度。光照因子会影响烟粉虱雄虫的求偶行为，光周期对各虫态的存活力、成虫寿命、种群增长指数影响显著，光照时间（9～18小时）越长，越有利于烟粉虱的发育，其发育速率、存活率、成虫寿命、种群增长指数都随之增大。

（三）综合防治技术

烟粉虱的防控主要包括农业措施、生物防治、化学防治以及物理防治等。

1. **农业防治**　秋冬清洁田园，烧毁枯枝落叶，消灭越冬虫源。改进种植制度，避免大面积种植烟粉虱嗜好的蔬菜种类，根据烟粉虱的种群动态合理调整作物布局与播期，减少迁入甘薯田的虫源。

2. **物理防治**　在甘薯育苗圃可用黄板诱集，在黄板上涂抹捕虫胶诱杀烟粉虱，黄板应悬挂在距甘薯生长点15厘米处，每亩挂50块。

3. **生物防治**　丽蚜小蜂是烟粉虱的有效天敌，许多国家通过释放丽蚜小蜂，并配合使用高效、低毒且对天敌较安全的杀虫剂，有效控制烟粉虱的大发生。此外，释放中华草蛉、微小花蝽、东亚小花蝽等捕食性天敌对烟粉虱也有一定的控制作用。另外，白僵菌的一些菌株也可有效控制烟粉虱的发生与危害。

4. 化学防治　由于烟粉虱对多种杀虫剂产生了不同程度的抗药性，不同地区应根据当地烟粉虱对不同药剂的抗性程度合理选择防控药剂，并选择不同作用机制的农药进行轮换使用。在当地农业技术人员指导下选用喷施啶虫脒、螺虫乙酯、溴氰虫酰胺或螺虫·噻虫啉等药剂。

四、红蜘蛛

　　甘薯叶螨主要有朱砂叶螨（*Tetranychus cinnabarinus*）、二斑叶螨（*T. urticae*）、截形叶螨（*T. truncatus*），均属蜱螨目（Acarina）叶螨科（Tetranychidae），别名红蜘蛛，在我国各甘薯产区均有分布，寄主范围广（图59）。

（一）形态特征与危害症状

1. 形态特征

（1）朱砂叶螨。雌成螨体长0.28～0.52毫米，红色至紫红色，在体两侧各具一倒"山"字形黑斑，体末端圆，呈卵圆形。雄成螨体色常为绿色或橙黄色，较雌螨略小，体后部尖削。卵呈圆形，初产乳白色，后期呈乳黄色。

（2）二斑叶螨。雌成螨体长0.42～0.59毫米，椭圆形，生长季节为白色、黄白色，体背两侧各具1块黑色长斑，取食后呈浓绿色、褐绿色；滞育型体呈淡红色，体侧无斑。与朱砂叶螨的最大区别为在生长季节无红色个体，其他均相同。雄成螨体长0.26毫米，近卵圆形，前端近圆形，腹末较尖，多呈绿色。卵呈球形，长0.13毫米，光滑，初产为乳白色，渐变橙黄色，将孵化时现出红色眼点。

（3）截形叶螨。雌成螨体长0.55毫米，椭圆形，深红色，体侧具黑斑。雄螨体长0.45毫米，黄色，背缘呈平截状。卵呈圆球形，越冬卵红色，非越冬卵淡黄色。

2.危害症状 成、若螨聚集在甘薯叶背面刺吸汁液，叶正面出现黄白色斑，然后叶面出现小红点，危害严重时致甘薯叶片焦枯，状似火烧（图60、图61）。

图59 甘薯叶螨　　图60 甘薯叶螨危害叶面状　　图61 甘薯叶螨危害叶背状

（二）发生规律

不同种类叶螨在不同地区发生世代数不同。叶螨世代重叠现象严重，在北方地区一般一年发生12～15代，在南方地区一年达20代以上。以成螨在枯枝落叶上、杂草根部以及树皮缝处等隐蔽场所越冬。温棚内的苗圃等是其越冬的重要场所。在我国北方，翌年3月底至4月初开始出蛰，整个出蛰期可持续一个半月，寻找适宜寄主进行产卵危害。叶螨繁殖速度快，生育期短，随温度的升高，繁殖加快，如二斑叶螨在23℃完成1代需13天，26℃时需8～9天，30℃以上需6～7天。在高温干燥季节易暴发成灾。叶螨可凭借风力、流水、昆虫、鸟兽和农业机具进行传播，或是随种苗的运输而扩散。叶螨的很多种类有吐丝的习性，在营养恶化时能吐丝下垂，随风飘荡。主要为两性生殖，也能孤雌生殖。

（三）综合防治技术

1. **农业防治**　清洁田园及周边杂草，在作物收获后及时清除田间的藤蔓并彻底销毁，可降低田间的虫口密度，在天气干旱时进行灌溉，增加田间湿度，并进行合理施肥，以提高甘薯的抗害性。

2. **化学防治**　在当地农业技术人员指导下可考虑使用哒螨灵、阿维菌素、螺螨酯、噻螨酮、虫螨腈或联苯菊酯等对叶片正反面进行均匀喷雾防治，注意轮换用药。在发生量较大时，可选择毒杀成螨的药剂（阿维菌素、联苯菊酯）和杀卵药剂（如噻螨酮、螺螨酯）混合或轮换施用，可达到理想的防治效果。

3. **生物防治**　田间有中华草蛉、食螨瓢虫和捕食螨等螨类天敌时，注意用药时期，保护天敌，可增强其对叶螨种群的控制作用。

五、甘薯茎螟

甘薯茎螟（*Omphisa anastomosalis*）属鳞翅目（Lepidoptera）螟蛾科（Pyralidae），主要在南方薯区危害。

（一）形态特征与危害症状

1. **形态特征**　成虫体长14～15毫米，体翅银灰色，前翅基部及内缘有不规则的暗褐色斑纹，中室中央下侧有白色透明的1大2小斑纹，近外缘处有2条黄褐色波状横线（图62）。幼虫头部棕褐色，胸腹部黄褐色略带紫色，末龄幼虫体长26～30毫米。初蛹全身淡乳白色，后呈红褐色，头部突出，胸背中央具一纵隆起，腹部末端钝圆，体长约16毫米（图63）。

2. **危害症状**　甘薯茎螟危害造成甘薯茎基部肿胀成畸形，并常有虫粪排出，茎基部中空，容易折断（图64）。

图62　甘薯茎螟蛹

图63　甘薯茎螟幼虫　　　　图64　甘薯茎螟危害状

（二）发生规律

甘薯茎螟一年可发生3～5代，老熟幼虫在冬薯或在田间的薯块、遗藤内越冬，成虫昼伏夜出，趋光性弱。多在夜间羽化，羽化后当天即可交尾，第二天晚上开始产卵。卵多散产在叶芽、叶柄或幼嫩的茎蔓上。一头雌虫一生产卵20～300粒，平均115粒。卵扁圆形，初产的卵呈淡绿色。产后1～2天的卵粒表面具有紫色斑点，临近孵化前1～2天卵呈红褐色。卵期一般6～7天，孵化后在茎叶上爬行或吐丝下坠随风飘移，一至三龄的幼虫仅能取食表皮组织，三龄之后开始钻入茎内蛀食，多从叶腋处蛀入茎内进行危害，后转入主茎或较粗茎蔓内取食。受害处因受刺激而逐渐膨大形成中空的虫瘿。幼虫在虫瘿内可上下活动，并在近地面处向外咬一小孔，把乳白色的虫粪推出积于虫孔外，排出的粪便不久颜色变成黄褐色，最后为暗褐色。老熟幼虫先在虫瘿壁上咬一稍大的羽化孔，并吐丝堵住，然后做一白色薄茧化蛹其中。化蛹位置多在羽化孔下方2～8厘米处。一般旱地田甘薯比水旱轮作田甘薯受害重，黏土田甘薯比沙质田甘薯受害重。

各虫态历期：成虫3～17天；卵期第1～4代4～11天，第5代22～24天；幼虫期第1～4代平均为27～47天；越冬代平均145天；蛹期一般10～20天。

（三）综合防治技术

1. **清洁田园**　在收薯后及时清洁田园，减少越冬虫口基数。
2. **轮作**　水旱轮作有利于控制甘薯茎螟的发生。
3. **化学防治**　在当地农业技术人员指导下可在成虫羽化高峰喷洒氟啶脲或阿维菌素等药剂。

六、甘薯天蛾

甘薯天蛾（*Agrius convolvuli*）又称旋花天蛾，属鳞翅目（Lepidoptera）天蛾科（Sphingidae）。甘薯天蛾在我国分布比较普遍，在各甘薯栽培区均有发生。

（一）形态特征与危害症状

1. **形态特征**　成虫体长43～52毫米。体翅暗灰色，腹部背面灰色，两侧各节有白、红、黑色横带3条。前翅内、中、外横线各为双条黑褐色波状线，顶角有黑色斜纹。初孵幼虫虫体为浅黄色，取食后体色为绿色。一至三龄幼虫体色为绿色，四龄幼虫的体色变化最多，有绿色型、多种黑色斑纹的黑色条纹型，五龄幼虫体色可分为三大类，即绿色型、黑色条纹型和褐色型，各体色幼虫主要特征如下（图65）。

（1）绿色型。头黄绿色，胸腹部明显为绿色，腹部1～8

节，各节的侧面有1条黄褐色斜纹，气门杏黄色，尾角杏黄色，末端为黑色。

（2）黑色条纹型。头黄褐色，腹部有明显的黑色斜纹，气门黄色，多数尾角末端为黑色。

（3）褐色型。体色褐色，胸腹部有浅色的条纹，但不明显，尾角为黑色。

2. 危害症状　通过幼虫取食叶片造成危害。幼虫食量大，取食叶片呈缺刻状，严重危害时可将甘薯叶片食光，植株成为光蔓（图66）。

图65　甘薯天蛾幼虫

图66　甘薯天蛾危害状

（二）发生规律

甘薯天蛾每年发生代数因地而异，由北向南随着环境温度的增加有增加的趋势。在河北、山西、北京一年发生2～3代，在山东、河南、安徽一年发生3～4代；在湖北、湖南、四川、浙江一年发生4代；在福建一年发生4～5代。田间世代重叠，以蛹（图67）在土下10厘米左右深处越冬。第1代幼虫主要集中于寄主牵牛花，第2、3、4代分布于甘薯、牵牛花和蕹菜等寄主。成虫具强趋光性，飞翔力强；干旱时，成虫向低洼潮湿地带或降雨地区迁飞；若连续降雨，湿度过大，则迁向高地，故常形成局部地区严重发生。成虫昼伏夜出，白天隐藏于作物叶片下、草丛中、树冠中及其他隐藏处，黄昏后外出觅食、求偶交配和产卵。

图67　甘薯天蛾蛹

成虫在羽化1天后才可以进行交配，雌蛾无多次交配现象。卵散产，多产于甘薯叶背边缘处，少数产在叶正面和叶柄上。成虫产卵有明显的选择性，以叶色浓绿生长茂盛的薯田落卵量多，单作薯田比间作薯田落卵量多。此外，成虫产卵对不同类型的田块也有选择性，成虫喜欢通风透光向阳、作物长势较好的田块产卵而避开地势较低、相对湿度大的田块。

影响甘薯天蛾发生的主要因子包括温度、降雨、耕作以及天敌等。

1. **温度**　温度是影响甘薯天蛾发生的重要因子，温度的高低不仅影响甘薯天蛾的生长发育、产卵与交配，还会影响甘薯天蛾的存活。在18℃以下时，甘薯天蛾一龄幼虫和二龄幼虫基本停止取食。在25～29℃时，取食最为活跃，危害最重。超过38℃时，卵孵化率下降，幼虫死亡率上升。甘薯天蛾最适宜产卵温度为23～30℃，高于35℃产卵量急剧下降，低于19℃甘薯天蛾基本停止产卵。一般在7—9月高温可促进甘薯天蛾的生长发育进程，有利于甘薯天蛾的暴发。秋末霜冻，造成大量幼虫死亡，从而减少越冬基数，翌年第1代发生则轻。

2.降雨 夏季降雨是影响该虫种群数量的另一主导因素。如果6—9月雨水偏少，有轻微旱情，尤其是8月较干旱，此虫在虫源基数较高的情况下，即可能严重发生，而雨水过多或过干旱，则发生较轻。

3.耕作 秋末冬初耕翻土地，可破坏蛹的越冬环境，使其遭受机械创伤或裸露在地表被天敌啄食，越冬基数减少，翌年发生危害减轻。

4.天敌 甘薯天蛾的天敌主要有黄茧蜂、绒茧蜂、螟蛉悬茧蜂和螟黄赤眼蜂等。1995年在山东南部的济宁地区，三代甘薯天蛾二至四龄幼虫中黄茧蜂的寄生率为16.2%，螟蛉悬茧蜂的寄生率为47%，螟黄赤眼蜂的寄生率为32%。1996年螟黄赤眼蜂对二代和三代卵的寄生率分别为69.2%和53.9%，造成该虫发生危害较轻。此外，多种鸟类和步甲等都是天蛾幼虫的重要天敌，它们对甘薯天蛾均有一定的抑制作用。

（三）综合防治技术

1.翻耕 冬耕是降低越冬基数，控制翌年发生的有效措施，由于甘薯天蛾越冬蛹潜藏深度较浅，一般深度在5～15厘米，冬耕时能将大部分蛹翻出地表将其冻死，大大减少甘薯天蛾的越冬基数，进而减轻其翌年对甘薯造成的危害。

2.诱杀 根据成虫的趋光性和吸食花蜜习性，可设黑光灯或用糖浆毒饵诱杀成虫，也可到蜜源多的地方网捕，以减少田间卵量。

3.人工捕杀 幼虫发生盛期，结合田间管理进行人工捕杀。

4.药剂防治 当每平方米有三龄前幼虫3～5头，或百叶有虫2头时，即可用苏云金杆菌等药剂防治。在当地农业技术人员指导下可选用甲氨基阿维菌素苯甲酸盐、虫螨腈、氯虫苯甲酰胺、阿维菌素、高效氯氟氰菊酯、氟铃脲等药剂进行喷雾防治。

（王容燕 高波 李秀花 等）

主要参考文献

冯玲, 刘汉舒, 高兴文, 等, 1997.甘薯天蛾发生规律研究[J]. 山东农业大学学报(自然科学版)(4): 465-470.

黄成裕, 1959.福建的甘薯茎螟[J]. 中国农业科学(9): 587-588.

肖芬, 李有志, 文礼章, 2008.甘薯天蛾的生物学特性[J]. 中国农学通报(24): 420-423.

徐文华, 陆勇, 方志翔, 等, 2012. 江苏沿海地区烟粉虱灾变规律与综合治理技术研究进展[J]. 江西农业学报(4):110-112.

王佳璐, 谭荣荣, 2011. 温度对甘薯麦蛾发育历期和幼虫取食量的影响[J]. 长江蔬菜(4):75-77.

张文军, 庞义, 齐艳红, 等, 1997. 斜纹夜蛾生长发育与温度的关系[J]. 中山大学学报(自然科学版)(36):6-9.

中国农业科学院植物保护研究所, 中国植物保护学会, 2015. 中国农作物病虫害[M]. 3版.北京: 中国农业出版社.